Newton 大図鑑シリーズ

VISUAL BOOK OF THE BIAS

バイアス大図鑑

まえがき

「認知バイアス」という言葉が注目を集めています。
認知バイアスは「思考のゆがみや偏り」のことで，誰にでも存在するものです。

たとえば，性格テストや占いなどの診断結果を見て
「自分にあてはまっている」と思ったことはないでしょうか。

また，つい最近の出来事をかなり前のことのように感じたり，
逆に，かなり前の出来事をつい最近のことのように感じたり。

行動にも認知バイアスは影響します。「限定品」とわかると，
それまで欲しいと思っていなかった商品でも，つい買ってしまうことがあります。

そのほかにも，人は，自分が知っていることは他の人も知っているはずだと
思う傾向があります。
このようなバイアスは，人間関係に影響をおよぼします。

本書では，数にかかわるバイアスにも注目しました。
たとえば，説明文の中に数字や数式が含まれていると，
もっともらしく感じるのではないでしょうか。

このように，認知バイアスはさまざまな場面でみられますが，
自分ではなかなか気づくことができません。
しかし，どんな認知バイアスがあるかを知っておくことで，
いざというとき，バイアスにうまく対処することができるでしょう。

本書は，認知バイアスを場面に応じて大きく六つに分類し，
実験や調査などのエビデンスとともにわかりやすく解説しました。
みなさんの日常にこの本を役立てていただければ幸いです。

VISUAL BOOK OF THE BIAS バイアス大図鑑

0 プロローグ

1 知覚にまつわるバイアス

2 記憶にまつわるバイアス

3 判断・意思決定にまつわるバイアス

4 対人関係にまつわるバイアス

5 集団にまつわるバイアス

6 数にまつわるバイアス

認知バイアスとは何か

認知バイアスという言葉を耳にしたことはあるだろうか。認知とは，知覚をはじめ，記憶や判断など人間の思考（考え方）にかかわる心のはたらきのことをさす。バイアスはゆがみや偏りのことなので，認知バイアスといったときには，「思考のゆがみや偏り」という意味になる。「考え方のくせ」ともいわれている。

「自分の考えはゆがんでいない，偏っていない」と思うかもしれないが，認知バイアスは誰の心にも存在する。気づかないだけで，何かを判断したり考えたりするとき，無意識のうちに認知バイアスの影響を受けているのだ。

本書では，さまざまな場面で生じる認知バイアスを大きく六つに分類し，わかりやすく解説していく。第1章では「知覚」，第2章では「記憶」，第3章では「判断・意思決定」にまつわるバイアスを紹介する。これらは，自分自身の物事の感じ方やとらえ方についての認知バイアスである。また，認知バイアスは自分以外の他者とのかかわりの中で生じることも多いため，第4章では「対人関係」，第5章では「集団」にまつわるバイアスを取り上げる。最後に第6章では，データや数式，確率といった「数」にまつわるバイアスを取り上げる。

1章　知覚にまつわるバイアス

私たちが何かを見聞きするとき，状況によってとらえ方が変わったり，思いこみによって判断したりすることがある。この章では知覚に関するバイアスを紹介する。

2章　記憶にまつわるバイアス

記憶はずっと変わらないものではなく，偽りの記憶がつくられたり，あとから入ってきた情報によって変化したりすることがある。この章では記憶に関するバイアスを紹介する。

3章　判断・意思決定にまつわるバイアス

危険な状況に遭遇していても「まだ大丈夫だ」と誤認してしまったり，物の価値を判断する際に本質的でないものに影響されたりすることがある。この章では判断や意思決定に関するバイアスを紹介する。

4章　対人関係にまつわるバイアス

対人関係において，人は固定観念にもとづいて他者のことを解釈したり，出来事を自分にとって都合よく解釈したりすることがある。この章では対人関係に関するバイアスを紹介する。

5章　集団にまつわるバイアス

まわりの人の行動につい合わせてしまったり，自分が属する集団の人（出身地が同じ人など）をひいきしたりすることがある。この章では集団に関するバイアスを紹介する。

6章　数にまつわるバイアス

数式が使われていると，もっともらしく感じたり，コイン投げで「表」がつづくと次は「裏」が出るにちがいないと感じたりすることがある。この章では数に関するバイアスを紹介する。

認知バイアスにはポジティブな面もある

認知バイアスがあることで，判断を誤ったり，他者との間に誤解や衝突が生じたりすることがある。認知バイアスというと，こうしたネガティブな面が取り上げられがちだが，実はポジティブな面もある。不安や落ちこみをふせいで心を安定させたり，自己肯定感を保てたりするなど心の健康に役立つこともあるのだ。認知バイアスをなくすのではなく，認知バイアスとうまくつきあっていくという姿勢が大切だ。

1
知覚にまつわるバイアス
Biases of Perception

脳がつくりだす「現実とはことなる」世界

錯視とは，実際の物理的な特徴（長さや明るさなど）とはことなって見える心理的な現象をいう。

下に示した①と②の赤い水平線は，それぞれどちらもまったく同じ長さだが，いずれも上のほうが長く見えるのではないだろうか。これは，水平線のまわりにある斜線などの情報から，脳が「奥行き」などを認識し，それを考慮して水平線の長さを判断した結果ではないかと考えられている。

右ページ上にあるAのタイルとBのタイルは，実はまったく同じ明るさである。この錯視は，「Bはもともと白いタイルで，円筒の影で暗く見えている」と脳が判断したことでおきる。

また，錯視のほかにも，私たちの見え方がまわりの情報に影響されることを示す現象に「文脈効果」がある。これは，いま見聞きしている情報のとらえ方が，その前後の情報によって変わるというものである。文脈効果は，文字に限らず，音や風景などさまざまな情報で生じる。

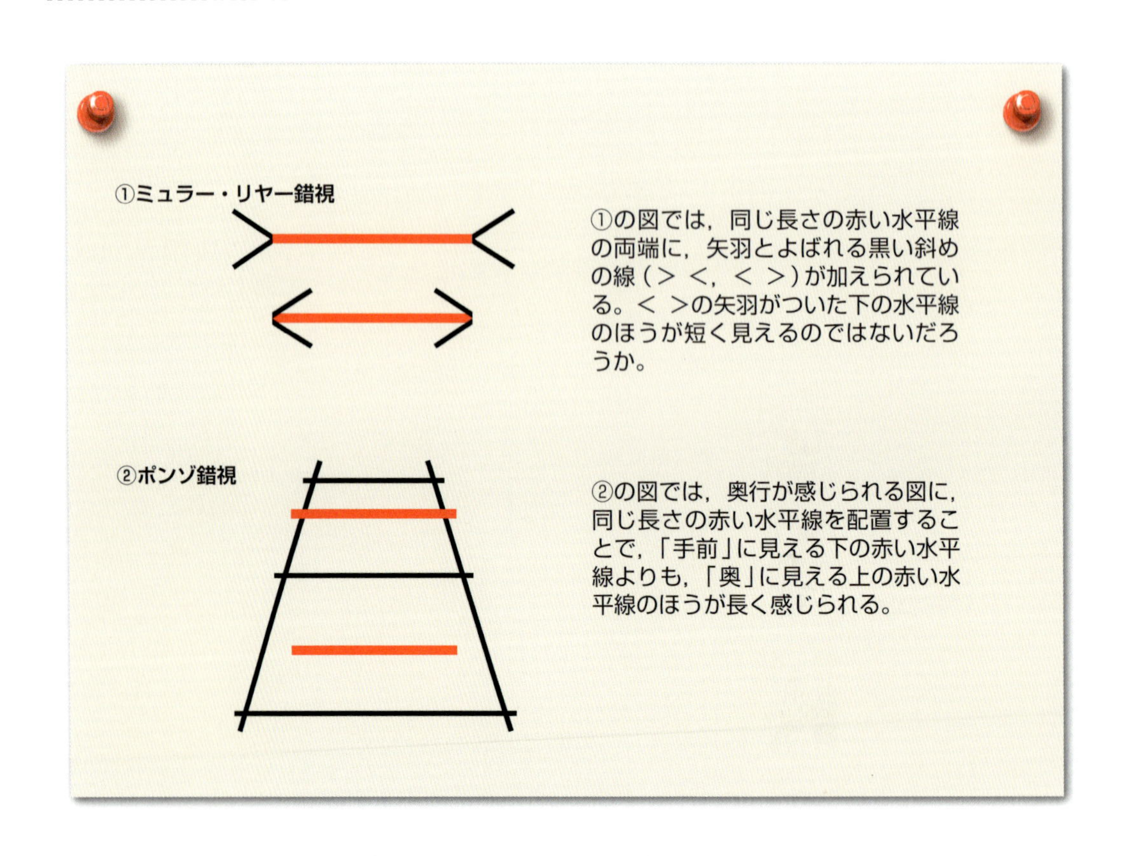

①ミュラー・リヤー錯視
①の図では，同じ長さの赤い水平線の両端に，矢羽とよばれる黒い斜めの線（> <，< >）が加えられている。< >の矢羽がついた下の水平線のほうが短く見えるのではないだろうか。
②ポンゾ錯視
②の図では，奥行が感じられる図に，同じ長さの赤い水平線を配置することで，「手前」に見える下の赤い水平線よりも，「奥」に見える上の赤い水平線のほうが長く感じられる。

二つのタイルは同じ明るさ？

一見すると明るさがことなるように見えるＡのタイルとＢのタイルは，ＡとＢ以外の部分をかくしてみると，まったく同じ明るさであることがわかる。これは「Ｂのタイルはもともとａのまわりの白いタイルと同じ明るさで，円柱の影のせいで暗くなっているはずだ」と脳が解釈した結果による。

文脈効果

この図の真ん中の文字は横方向に読むと「Ｂ」に見える。しかし縦方向に読むと，「13」に見えるのではないだろうか。このように私たちの認識は，文脈の影響を受けているのである。

人は目の前の変化を見落としがち

目の前で変化がおきたとしても，気がつかないことがある。

この現象に注目した実験では，一部がことなる二つの画像を用意して，それを瞬間的に入れかえることを複数回行う。二つの画像の間には毎回ブランク（白い画像など）を一瞬だけ提示する。このとき，注意して画像を見ていたとしても，私たちは画像の変化に気づきにくい。このような現象を「変化盲」という。

また，何か別のものに注意をうばわれているときにも，目の前で変化していることに気づきにくいことが知られている。

アメリカの心理学者ダニエル・シモンズらは次のような実験を行った※。実験参加者に，バスケットボールを行っている映像を見てもらい，「白い服のチームが何回パスをしたかを数える」という課題をだす。映像では，複数の人々が，動きながらパスをしている。

実はこの実験の真の目的は，映像の途中にあらわれるゴリラの着ぐるみに気がつくかどうかを調べることだった。ゴリラは中央で立ち止まってポーズまでとっており，普通に映像を見ていれば，誰もがゴリラに気づくはずである。

映像を見終わったあと，参加者にパスをした回数のほかに，「ゴリラに気づいたか」をたずねたが，実験参加者の約半数は，パスを数えることに集中していて気づかなかった。

なお，ゴリラの実験映像はシモンズのwebサイト（https://www.dansimons.com/）で公開されているので，興味のある人はぜひ見てほしい。

※：チャブリス & シモンズ（著），錯覚の科学，2014，文藝春秋

まちがいさがし

右ページの上下のイラストには，5か所ちがうところがある。どこだかわかるだろうか？（正解は207ページ）

何度も見ると「好き」になっていく?

テレビやスマートフォンなどで，何度も同じ広告を見ると，最初はなんとも思わなかったのに，紹介されている商品がだんだん気になってきた，という経験はないだろうか。また，同じ曲を何回も聞いているうちに，その曲が好きになったという経験もあるかもしれない。

同じものを何回も見聞きしたことによって，しだいにそれに対して好意的になることを「単純接触効果」という。アメリカの社会心理学者ロバート・ザイアンス(1923～2008)は，なじみのない外国語を使った実験により※，もとの単語の意味がわからなくても，接触回数が多かった単語に対して好感度が高くなることを示した(右のグラフ)。

同じものに何回も接触していると，それを認識しやすくなる。つまり，単純接触効果が生じる理由の一つには，脳がその情報をスムーズに処理できるようになったことがあげられる。ストレスなく処理できる情報はより好ましく感じられるのである。

※：Zajonc, J. Pers. Soc. Psychol., 1968, 9, 1-27

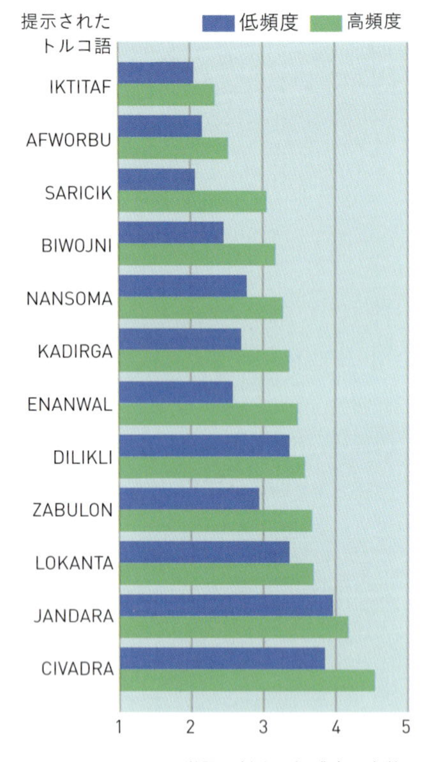

見た回数による好感度のちがい

なじみのないトルコ語が書かれたカードを実験参加者に見せ，発音練習をさせた。このとき単語によって見せる回数を変える。その後，単語に対する印象を点数で示してもらったところ，見た回数が0回，1回，2回(低頻度)のときよりも，5回，10回，25回(高頻度)のほうが好感度が高くなった※(上のグラフ)。

見なれてもらうことが重要

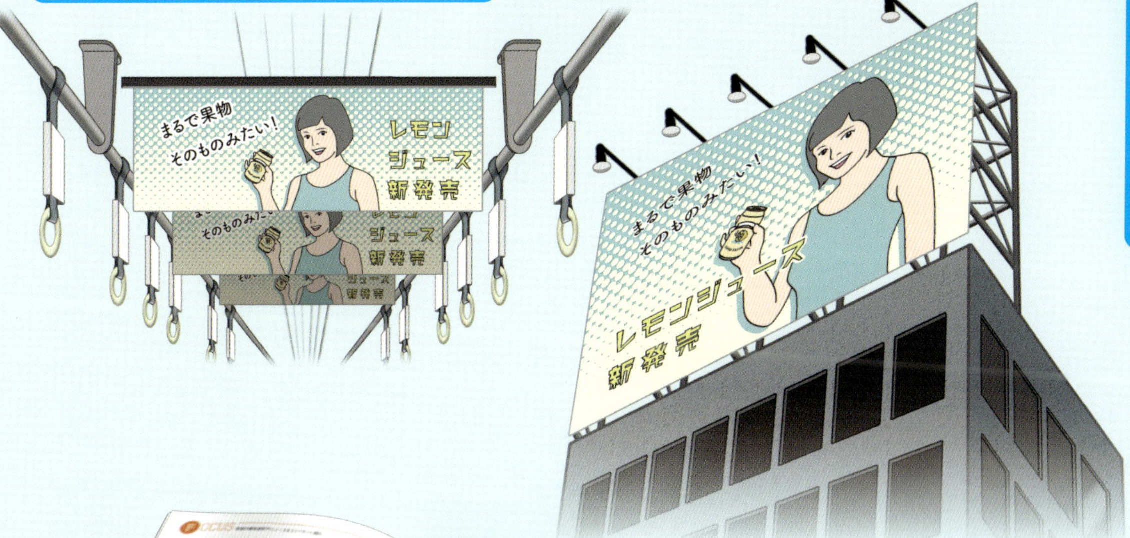

ビルの壁面や屋上，電車の車内，雑誌，テレビ，スマートフォンなど，あらゆる場面で同じ広告を見ると単純接触効果がおき，その商品を好きになることがある。ただし，最初に見たときの印象が悪いと，かえって嫌いになることもある。

SECTION 4

Illusion truth effect

真実性の錯覚

フェイクニュースが信じられるわけ

フェイクニュースやデマは，とくに非常時や災害時には人の安全を左右しかねない危険な情報になることがある。コロナ禍に根拠のない予防法などがSNSを通じて拡散したことは記憶に新しいだろう。

人はくりかえし接する情報を真実だと受け止めやすい傾向があるといわれており，この現象は「真実性の錯覚」とよばれている。

アメリカのテンプル大学などによる研究チームは，真実性の錯覚を検証した実験を1977年に発表した※。実験では，参加者に数多くの情報を見てもらい，それぞれどの程度ほんとうらしいと思うかを答えてもらった。情報は歴史，科学，スポーツなどの分野から参加者がくわしく知らないと思われるものが選ばれた。

提示される情報の中には，正しい情報とまちがった情報が含まれている。たとえば「ヘミングウェイは『老人と海』でピューリッツァー賞を受賞した（正しい）」「カピバラは有袋類の中で最も大きい（間違い）」などである。

実験参加者に，情報のほんとうらしさを判定する問題を，2週間の間隔をあけて3回行ってもらった。その際，1回だけ提示される情報とくりかえし提示される情報があった。すると，その情報が実際に正しいかどうかにかかわらず，提示された回数が多い情報ほど，よりほんとうらしいと受け止められることがわかった。

何度も接したことのある情報は脳内でスムーズに処理できるようになり，好感度が上がるといわれている（単純接触効果，14～15ページ）。それと同様のしくみが，情報のほんとうらしさの判断にも影響すると考えられている。

※：Hasher et al., J. Verb. Learning Verb. Behav., 1977, 16, 107-112

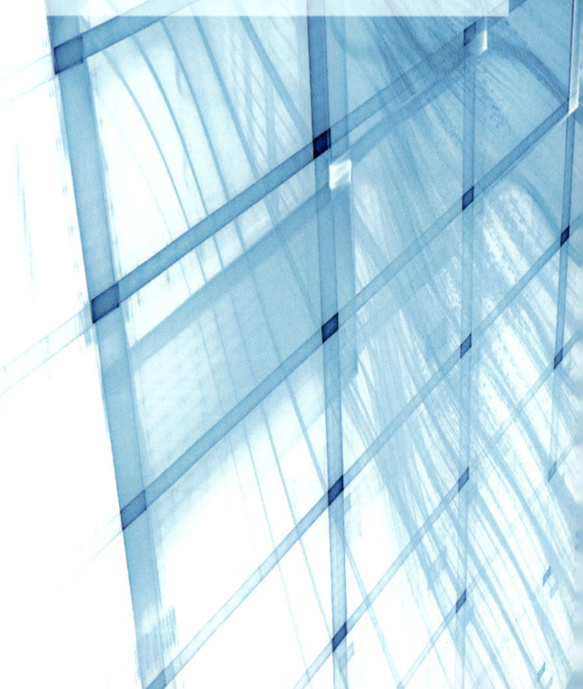

コロナ禍で拡散したフェイクニュース

うわさに関する研究によれば，他者に伝達されやすいうわさは，「あいまいさ」と「不安」が大きい場合のようだ。不安をかきたてる情報がうわさとして伝えられやすいというだけでなく，不安を感じやすい傾向にある人や，不安を引きおこすような社会状況においても，うわさは広がりやすいとされている。不確かな情報がコロナ禍で拡散したのも，そのためかもしれない。

A型の人はほんとうに几帳面?

A型の人は几帳面，B型の人は自由奔放などといわれるが，性格と血液型の関係に，科学的な根拠はない。

そういわれても，やはりA型の人は几帳面に思えてしまうかもしれない。そう思う原因の一つに「確証バイアス」がある。確証バイアスとは，自分の仮説や信念と一致する情報ばかりに注目し，それ以外の情報を軽視しやすい傾向のことである。「A型の人は几帳面だ」と思いこんでいる人は，A型の人の几帳面な行動ばかりに注目し，大ざっぱな部分には注意を払わない傾向があるといえる。

社会心理学者のマーク・スナイダーらが1978年に報告した，確証バイアスに関する実験を紹介しよう※。実験参加者は，初対面の人にインタビューをして，その人の性格を判断するように指示される。その際，事前情報（仮説）として，「外向的な人の性格の特徴」もしくは「内向的な人の性格の特徴」が書かれたカードを渡され，インタビュー相手がそのような人物であるかどうかを判断するようにいわれる。なお，そのカードは，インタビュー相手が事前に受けた性格テストの結果にもとづく「根拠のある情報」として渡される場合と，単に一般的な性格の特徴を書いただけの「根拠のない情報」として渡される場合とがあった。

すると参加者は，根拠の有無にかかわらず，インタビューの際，カードに書かれた事前情報と一致する答えを引きだすような質問を多くする傾向があった。たとえば，外向的な人の特徴を渡された場合には，外向性に関する質問を多くすることによって，その人の性格が外向的であることをたしかめようとしたのである（右のグラフ）。

※：Snyder & Swann, J. Pers. Soc. Psychol., 1978, 36, 1202-1212

確証バイアスの影響に注意する

確証バイアスは，物事をすばやく効率的に判断するうえで必要なものともいえる。しかし，仮説の真偽を正しく判断するためには，仮説に一致する情報だけでなく，仮説に反する情報にも目を向ける必要がある。

確証バイアスに関する実験

実験参加者は，初対面の人にインタビューをして，その人の性格を判断する。その際，事前情報（仮説）として，「外向的な人の性格の特徴」もしくは「内向的な人の性格の特徴」が書かれたカード（根拠がある場合とない場合がある）を渡され，インタビュー相手がカードに書かれているような人物であるかどうかを判断するようにいわれた※。

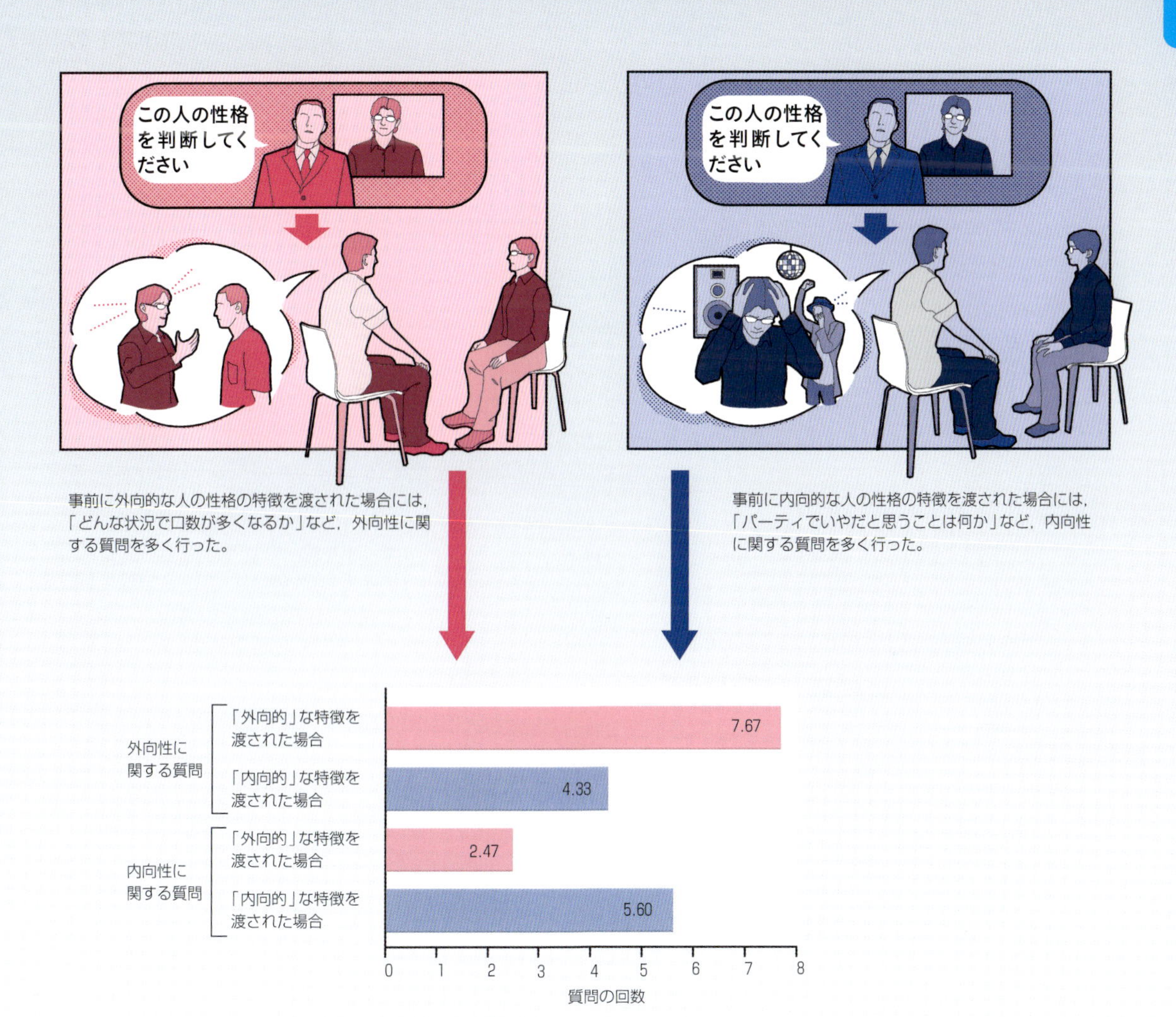

注1：このイラストはイメージで，実際の実験とはことなる。

注2：ここでは，インタビュー相手の性格の仮説に根拠がない場合の結果のグラフを示したが，根拠がある場合も同様の結果が得られた。

SECTION
6

Barnum effect

バーナム効果

占いが「当たっている」と感じる理由

人間には多様な側面がある

人は矛盾した側面をあわせもっていることがある。たとえば，周囲に大ざっぱな性格だと思われている人でも，数字に関しては厳格で何度も見なおさないと安心できないという面があるかもしれない。日ごろは社交的な人でも，はじめて会う人が大勢いる場では人見知りをしてしまうかもしれない。そうした多面的な側面をもつ性格について，「あなたは○○ですね」といわれると，誰もが，自分の中の○○の部分をさがすことが可能であり，「そうかもしれない」と感じるようだ。

占いを読んで「当たっている！」と感じた経験はないだろうか。しかし，それは「バーナム効果」という認知バイアスのせいかもしれない。

バーナム効果とは，性格が診断されるような場面で，他者から曖昧で一般的なことをいわれると，そこに自分の性格などとの共通点を見いだし，いい当てられたかのように感じてしまうことをいう。

心理学者のバートラム・フォラー（1914～2000）が1949年に報告した実験では※，大学で心理学を受講していた学生39人に，性格診断テストを受けてもらい，個々に結果を返却した。実はその結果はすべて同じもので，実験者が占星術の本などに書かれている内容を組み合わせて，誰にでもあてはまるような文章を作成したものだった。ところが，学生にその結果がどの程度自分にあてはまるかを0～5点の6段階で評価させたところ（点数が高いほど，あてはまると評価），平均点は4.3点と高く，3点以下をつけたのは5人だけだった。

下の囲みの文章を「占いにもとづくあなたの性格です」といわれて示されたら，当たっていると感じる人も多いのではないだろうか。実は，これは誰にでもあてはまりそうな内容を書いただけの文章にすぎない。

※：Forer, J. Abnorm. Soc. Psychol., 1949, 44, 118-123

あなたの性格の特徴：

マメな性格で気配りもうまく，誰とでも合わせることができます。ただ，慎重になりすぎて用心深くなったり，あれこれ考えたりしてしまうくせがあるようです。いったん夢中になるとほかのことが目に入らなくなることもあります。親しみやすく表裏のない性格で人をひきつける魅力があります。やや根気に欠けるものの，物事を多角的にとらえて分析することができます。

「錯思コレクション100」のバーナム効果のページ
（https://www.jumonji-u.ac.jp/sscs/ikeda/cognitive_bias/cate_s/s_05.html）から一部改変して引用

日ごろの習慣や知識が「発想」をさまたげることも

机の上にロウソクと箱に入った画鋲（押しピン），そしてマッチが置かれている（右ページの1）。「これらを使ってロウソクを壁に取りつけてください」といわれたら，あなたならどうするだろうか？

これは1945年に発表された，ドイツの心理学者カール・ドゥンカー（1903～1940）の「ロウソクの課題」を用いた実験である※。実験参加者は，ロウソクに画鋲をさして壁に固定しようとしたり，マッチの火でロウソクの側面をとかして壁に接着しようとしたりしたが，どれもうまくいかない。

この課題の正解は，箱を画鋲で壁に取りつけて，その中にロウソクを置くことである（右ページの2）。箱をロウソク台として使えばいいのだが，箱は「物を入れるもの」という思いこみ（固定観念）があるため，参加者はなかなかその発想には至らなかったようだ。

では，画鋲をあらかじめ箱から出しておいたら，どうだろうか（右ページの3）。箱に対する固定観念をもたずに課題に取り組めるかもしれない。

このように，日ごろの習慣や知識が問題解決のじゃまになることを「機能的固着」という。

※：Duncker, On problem-solving, 1945, American Psychological Association

コラム COLUMN 「ロウソクの課題」の応用実験

カナダの心理学者，サム・グラックスバーグ（1933～2022）はドゥンカーの「ロウソクの課題」を応用した実験を行った。この実験では，半分の参加者には「早くできた者に賞金をあたえる」と約束し，もう半分の参加者にはこのような報酬の約束はしなかった。すると，報酬を約束された参加者のほうが，正解にたどりつくまでの時間が平均で3分半ほど長かった。

この結果の解釈については研究者のあいだでもさまざまな意見があるが，報酬は人のモチベーション（動機づけ）を下げることが知られている。やりがいを感じて自発的にとりくんでいた課題に対して，報酬をあたえるといわれると「やらされている」と感じて，モチベーションが低下するようである。

出典：Glucksberg，J. Exp. Psychol.，1962，63，36-41

固定観念が別の使い方を見えなくする

ドイツの心理学者カール・ドゥンカーが行った実験である。この実験では，「箱は入れ物である」という固定観念が，答えに到達するさまたげになったというわけだ。

1. 机の上にロウソクと箱に入った画鋲，マッチが置かれている。ロウソクを壁にとりつけるには，どうすればよいだろうか？

2. 箱を「画鋲の入れ物」ではなく，「ロウソク台」としてみることができれば，課題は解決できる。

3. 箱が空の状態で置いてあれば，「画鋲の入れ物」という固定観念にとらわれにくくなる。

ドキドキするのは好きだから？

もっともらしい原因があると取りちがえる

つり橋効果は，心拍数が上昇した原因を，つり橋への恐怖ではなく，女性の魅力と取りちがえたためにおきたと考えられている。このように，原因を本来のものではなく，別の誤ったものに帰属させることを「誤帰属」という。誤帰属は，もっともらしい原因に対しておきる。そのため，心拍数が上昇したときに見た女性が魅力的でなければ，恋愛感情に取りちがえることはない。

誤帰属を検証したつり橋実験
つり橋を一人で渡ってきた男性のところに魅力的な女性がやってきて，簡単なアンケートを行う。アンケートに回答後，「結果が知りたければ，この電話番号に連絡して」と，女性が男性に電話番号を渡す。すると電話番号を受け取った男性の半数が電話をかけてきた。一方，頑丈に固定された通常の橋で同様の実験を行ったところ，電話をかけてきた男性は少数だった。
つり橋の場合
電話をかけた人は50%
9/18人
固定された橋の場合
電話をかけた人は12.5%
2/16人

心拍数が上がるという点では同じでも，デート中なら「楽しい」，交通事故を目撃したときなら「こわい」というように，ことなる感情が生じる。これは「心拍数が上がる」という生理的変化に加えて，「デート中」「事故を目撃」というような状況に応じた解釈によって，「楽しい」や「こわい」という感情（情動）がおこることを示している。この現象に関する研究に，カナダの社会心理学者ドナルド・ダットンとアーサー・アーロンが行った「つり橋実験」がある[※1]。

高くて揺れるつり橋を渡っている男性に魅力的な女性がアンケートを行い，結果を知らせるので後日連絡するようにと電話番号を教える。すると，頑丈に固定された通常の橋で同様の実験を行ったときよりも，電話をかけてくる男性の割合が高かった。これはつり橋にいる恐怖によってドキドキしたことを，目の前にいる女性が魅力的だからドキドキしたのだと取りちがえたことによると考えられる。

ただし，心拍数が上昇しても，女性が魅力的でなかった場合，その人を好きになるような勘ちがいはおきないことも，その後の研究で示されている[※2]。

※1：Dutton & Aron, J. Pers. Soc. Psychol., 1974, 30, 510-517
※2：White et.al., J. Pers. Soc. Psychol., 1981, 41, 56-62

好みでないなら逆効果
男性に女性の映像を見せてから，ランニングをしてもらった。そして，心拍数の上がった男性に先ほどの女性の映像を見せて，魅力度を点数化してもらった。するとランニング後，女性の魅力度が上がった。しかし化粧などでわざと魅力を感じさせないようにした同じ女性に対しては，魅力度が下がった。

注：このイラストはイメージで，実際の実験とはことなる。

SECTION 9

Placebo effect

プラセボ効果（偽薬効果）

効き目のない「偽薬」で症状が改善する？

たとえば「この薬には痛みをやわらげる効果がある」と思って飲むと，実際には鎮痛成分が入っていなくても，症状が改善することがある。これは「プラセボ（偽薬）効果」といい，よく知られているバイアスだ。

薬を受け取るときには，薬剤師が効能などを説明してくれる。この説明をしっかり聞いて効能を理解してから飲むと，薬の内容をよく知らない場合よりも効果が高まるという報告もある。「病は気から」という言葉は昔からあるが，「効く」と思いこむことで実際に体調が改善することがあるのだ。そのため医薬品や健康食品の広告では，購入者が「効きそうだ」と思うようにくふうされている。

プラセボという言葉は，ラテン語で「喜ばせる」という意味の言葉が由来である。この効果がなぜおきるかはまだ解明されていないが，薬が効いてほしいという患者の期待が関係していると考えられている。逆に，偽薬であるにもかかわらず，「副作用があるかもしれない」などと思うと，具合が悪くなることもある。これは「ノセボ効果」とよばれている。

プラセボ効果はもともとは医療現場での用語だったが，現在はもう少し幅広い意味で使われている。たとえば，水道水を入れたペットボトルに市販の天然水などのラベルを貼ると，水道水と書かれたラベルを貼ったものよりもくさみを感じず，甘みを感じる人が多かったという。これもプラセボ効果の一つとされている。

単盲検法と二重盲検法

新薬の治験ではその効果をみるために，参加者を，偽薬を投与する群（偽薬群）と新薬を投与する群（新薬群）に分け，同期間投与した結果を比較する。このとき期待などによるバイアスが結果に影響しないよう，治験者側にも参加者側にも，どちらの群かを知らせない「二重盲検法」を行う。二重というのは治験者側と参加者側の両方という意味で，治験者側だけが偽薬群を知っている場合は「単盲検法」という。治験の結果，新薬に効果のある可能性が高いと評価されたものが，新薬承認へと進む。

プラセボ効果（偽薬効果）

SECTION 10

Illusion of validity

妥当性の錯覚

自分の予測は必ず当たると思う

物事を正確に予測するには，情報を幅広く得ることが必要だ。しかし，たとえ根拠が不十分な，限られた情報のみにもとづく予測であっても，自分の予測には過度な自信を抱くことがある。これを「妥当性の錯覚」という。

アメリカ，ミシガン大学の研究者らによる1975年の実験を簡略化して説明しよう※。まず参加者に，ある実験で見られた人助けの行動を記録した資料を見せる。この資料によれば，グループで話し合いをしていて，別室にいた1人が発作をおこしたように見えたとき，その場で助けに行った人は15人中4人のみで，しばらくしてから助けに行った人が5人，最後まで助けようとしなかった人は6人いた。

つづいて，この資料を見た参加者に，善良そうな2人の人物がインタビューを受けているビデオを見せ，そのあと，「この2人は，先ほど話した人助けに関する実験に参加していた。彼らはそ

コラム COLUMN

どんなに自信があっても，自分の予測が当たるとは限らない

心理学者ダニエル・カーネマン（1934～2024）は，大学で教鞭をとる前に，イスラエル国防軍で兵役についていた。任務の一つは，同僚と一緒に，軍の幹部養成学校に推薦する候補者を選抜することだった。

カーネマンらはリーダーシップ能力について評価するためのテストを実施し，候補者の行動を分析した。その結果，彼と同僚の間でほぼ一致した候補者を選抜したが，入学後の幹部養成学校での実戦向けの訓練などの結果から，候補者のリーダーとしての能力は必ずしも高くなく，カーネマンたちの予測はまったく外れていたことがわかった。なお，このように明白な失敗の証拠があっても，カーネマンたちは，自分たちの評価は妥当だと信じて，その後も同じ形式で選抜をつづけていた。のちにこのバイアスは，「妥当性の錯覚」と名づけられた。

出典：カーネマン（著），ファスト＆スロー（上），2014，早川書房

のとき，発作をおこした人に対してどのようにふるまったと思うか」と質問する。

この場合，予測の手がかりとして妥当なのは，最初に見せられた資料にのっていた「その実験の中で，人はどのようにふるまったか」を示す情報である。しかし，参加者の多くは，この情報を基準値としては用いず，インタビュービデオでの印象にもとづいて，2人はその場で助けに行ったという予測をする傾向があった。なお，この予測は，人助けに関する実験の資料を見せず，インタビュービデオだけを見せられた別の参加者の予測とほとんど変わらなかった。

このように，何かの予測を行うときに，私たちは限られた情報のみにもとづいた判断を行うことがよくある。自分の予測に自信があるとしても，その予測が妥当とは限らないことを覚えておきたい。

※：Nisbett & Borgida, J. Pers. Soc. Psychol, 1975, 32, 932-943

幸せや悲しみは実際よりも長くつづくと思う

人は何か幸せなことがあったとき，その幸せが自分の人生に大きなインパクトを残し，長くつづくかのように思いがちだ。あるいは何か悲しいことがあったとき，その悲しみが今後も強く自分の人生に影響すると予想するかもしれない。

しかし，ある出来事で感じた幸せや悲しみは，実際にはそう長くはつづかないようだ。そのことを確かめた実験がある※1。アメリカの心理学者フィリップ・ブリックマン（1943～1982）らは，宝くじの当選者や麻痺が残った事故被害者の幸福度を調査した。すると，宝くじ当選者と事故被害者の幸福度や日常生活の楽しさは，数か月後には，そのような出来事を経験していない人の水準に近づき，経験者と非経験者とで大きく変わらなくなることがわかった。

このように，ある出来事が生じたときの幸福や悲しみがもたらすインパクトは長くはつづかず，しばらくすると以前と同程度に戻る。しかし人は，そうした感情の強さや持続時間を過大に見積もる傾向がある。これを「インパクト・バイアス」という。

人はどれほど幸福や悲しみを体験しても，時間がたつとそれに適応し，慣れてしまうと考えられる。また，アメリカの社会心理学者ダニエル・ギルバートによれば，人はどんなにつらい状況でも，自分を守るために，ポジティブな見方をして苦痛を和らげようとする「心理的免疫システム」をもっているという※2。しかし，人はこうした心のしくみに気づくことがないため，ある瞬間の幸福や悲しみがそのまま長くつづくだろうと予測する傾向があるようだ。

予想と現実のギャップ

アメリカのテキサス大学オースティン校では教員を対象に，終身雇用の審査に合格した場合（幸せな状況）と，不合格だった場合（不幸な状況）に着目して，幸福度の強さや持続時間に関する予測と実際の差を検証する実験が行われた※2。まず，終身雇用の審査をまだ受けていない教員33名に調査を行い，審査に合格した場合，その1～5年後と，6～10年後に，自分はどの程度幸せだと思うかの予測をたずねた。また，不合格だった場合についても，同じように予測をたずねた。一方，すでに審査を受けた教員（審査から1～5年後の教員32名，6～10年後の教員35名）についても調査を行い，現時点において，自分が実際にどの程度幸せかをたずねた。

その結果，審査をまだ受けていない教員は，審査に合格したほうが，不合格の場合よりも，1～5年間は幸福だろうと予測した。しかし，実際に審査を受けた教員の幸福度は，合格したか否かにかかわらず，大きく変わらなかった。これは，1～5年後でも，6～10年後でも同様だった。審査に合格するかどうかは，予測していたほど，実際の幸福度に大きな影響をおよぼさないことを示唆する結果だといえる。

※1：Brickman et al., J. Pers. Soc. Psychol, 1978, 36, 917-927
※2：Gilbert et al., J. Pers. Soc. Psychol, 1998, 75, 617-638

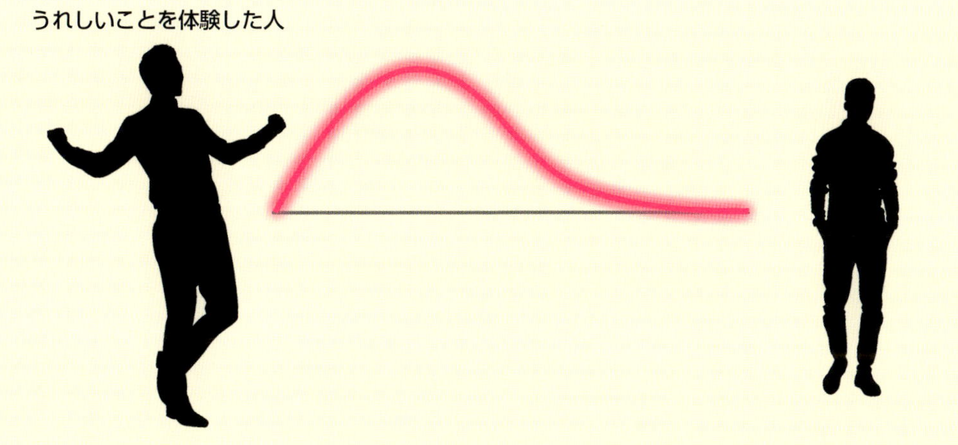

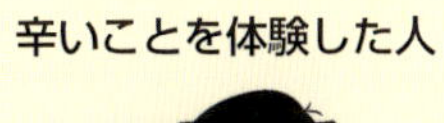

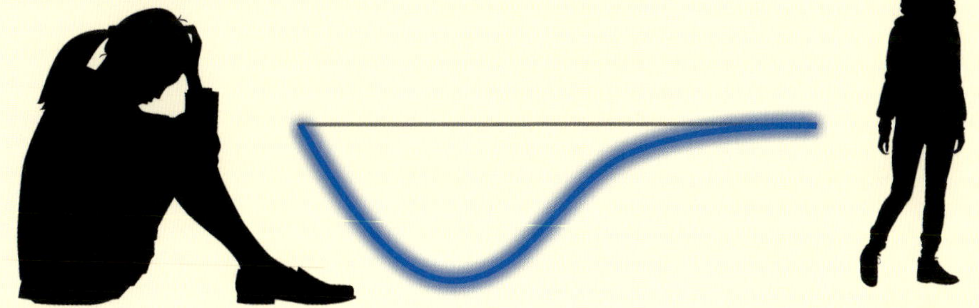

幸せや悲しみは，長くはつづかない

うれしいことや辛いことがおきたときに生じるインパクトは長くはつづかず，時の流れとともに以前と同じくらいに戻る。

大学教員の幸福度の比較

	幸福度（予測）		幸福度（実際）	
	合格	不合格	合格	不合格
1～5年後	5.90	3.42	5.24	4.71
6～10年後	5.65	4.97	5.82	5.23

注：値が大きいほど，幸福度が大きいことを示す。

すべては計画通りに進むと思いこむ

自分はどうしていつも計画通りに仕事を完了できないのだろう，と悩んだことがあるという人は多いだろう。しかしいくら悩んでも，あなたはまた同じ失敗をくりかえすかもしれない。

仕事でも勉強でも，事前に立てた計画が予定通りに進むことは少ない。しかし人は，計画通りに進まず失敗した経験を何度くりかえしても，「次こそは計画通りに進むだろう」と考え，見通しの甘い計画を立てる傾向がある。これを「計画錯誤」という。

アメリカの心理学者マイケル・ロスらは，計画錯誤を検証する一連の実験を行った※。最初の実験では，大学生37人に卒業論文を提出するまでに必要な日数をできるだけ正確に予測するように指示した。すると，論文を提出しなかった4人を除く33人の予測は平均33.9日だったが，実際は提出までに平均55.5日必要だった。また，予測した期日までに論文を提出できた人は，全体のわずか29.7％だった。

ロスらは，課題の提出に必要な日数を予測させる別の実験も行い，ここでも計画錯誤がみられることを明らかにした（右のグラフ）。

計画通りに進まないのは，過去の失敗を軽視するから

計画錯誤が生じる理由の一つは，過去の失敗を次の計画に活かせないことだと考えられる。過去に計画通りに進まなかったことを覚えていたとしても，それを次の計画に活かせないときには，ふたたび見通しの甘い計画を立ててしまうのだ。

過去の失敗を活かせないのは「計画通りに進まなかったのは偶然の出来事が重なったからだ」と考えることにあるようだ。計画は多くの場合，想定外のトラブルなどによってさまたげられる。しかし，それは今回たまたまおきただけで，次回はおこらないはずだと思うことにより計画錯誤をくりかえしてしまうのである。

※：Buehler et al., J. Pers. Soc. Psychol, 1994, 67, 366-381

計画通りに物事を進めるには

計画をさまたげるのは，いつも想定外の出来事だ。確かに想定外のことは，事前に想定できないがゆえに，計画に正確に組みこむことはむずかしい。しかし，実際には何がおこるかはわからないとしても，「何かおこるかもしれない」と考え，その分だけ余裕のある計画を立てると，うまくいくだろう。

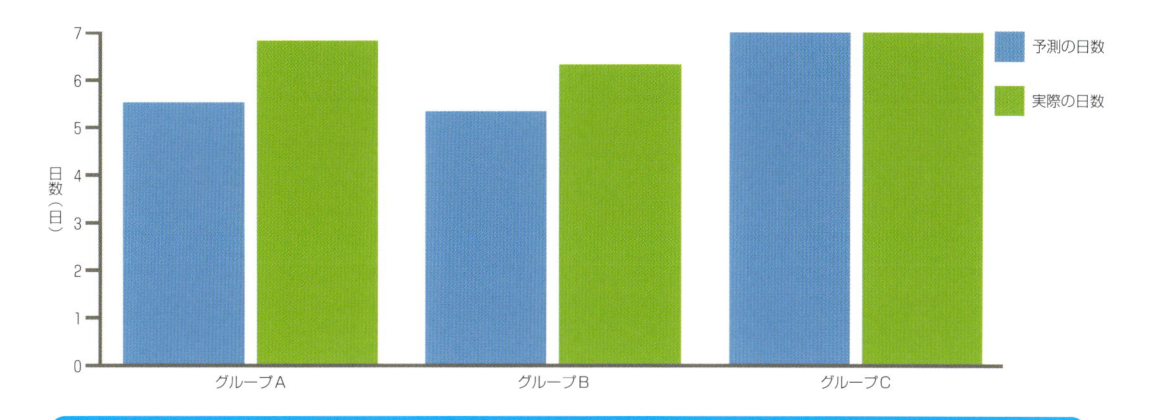

課題提出に必要な日数

123名の大学生にコンピューターを使った課題をあたえ，提出までに必要な日数を予測させた。参加者を三つのグループに分け，グループAには何も指示をあたえず，グループBには過去の失敗を思いだすように指示し，グループCには過去の失敗を思いだしたうえで，また同じことがおこるかもしれないと具体的に想定しながら計画を立てるように指示した。その結果，グループAとグループBはいずれも予測が不正確だったのに対し，グループCだけは，実際の平均日数と予測が一致していた※。

COLUMN

人は無意識に つじつまを合わせようとする

認知的不協和の実験

認知的不協和の存在と，それを解消しようとする心のはたらきを明らかにした実験である。たとえば低賃金の仕事であっても，自分なりにやりがいを見いだしてしまうのは，この実験と同様のつじつま合わせがおきているからかもしれない。

糸巻きをお盆にのせては下ろすなどの退屈な作業を行う

注：このイラストはイメージで，実際の実験とはことなる。

私たちは自分の考えや行動の間に矛盾が生じると，不快感や緊張を覚える。この状態を「認知的不協和」という。

アメリカの社会心理学者レオン・フェスティンガー（1919～1989）らが1959年に報告した実験を紹介しよう※。実験参加者は，まず退屈な作業を延々とやらされる。その後，1ドルあるいは20ドルの報酬をもらい，次の参加者（サクラ）に「作業は面白かった」と，うその感想を伝えてもらう。

すべての実験が終わったあとに，参加者に作業を振り返ってもらうと，報酬額が1ドルの人たちは「作業は面白かった」と評価した。なぜだろうか。ほんとうは退屈だったのに面白かったと，次の参加者にうそをついたことで認知的不協和が生じる。しかしうそをついた事実は変えられないため，自分の考えのほうを変えて，自分の言動を正当化し，認知的不協和を解消しようとしたのだと考えられる。

一方，報酬額が20ドルの人たちは，「うそをついたのはお金のためだ」と自分の行為に理由づけができたため，解消すべき認知的不協和が生じなかったと考えられる。

※：Festinger & Carlsmith, J. Abnorm. Soc. Psychol., 1959, 58, 203-210

実験終了後
$1
あのとき次の人にいったとおり，
作業は面白かった
（うそはつかなかった）

実験終了後
$20
作業は面白くなかった
（お金のためにうそをついた）

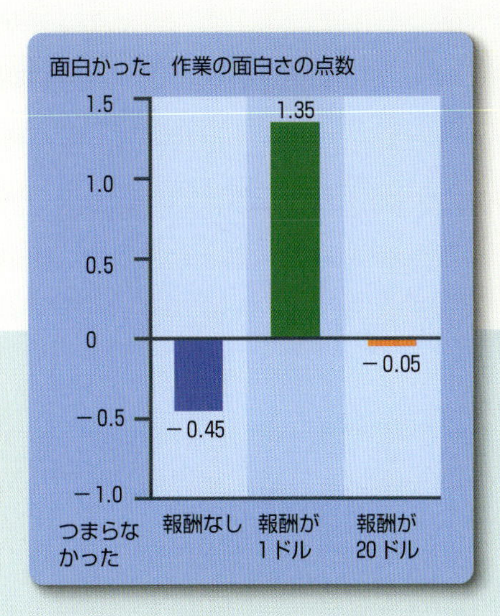

上のグラフは，実験終了後，作業の面白さを参加者に評価してもらった結果（平均値）である。なお，実験では，次の参加者にうその報告をしない人たち（報酬なし）も設定されていた。彼らは「つまらなかった」と評価している。

2
記憶にまつわるバイアス

Biases of Memory

思い出は，あとから つくられることもある

アメリカの認知心理学者エリザベス・ロフタスは，「虚記憶（偽りの記憶）」がつくれることを示した。彼女は心理学の授業で，「実際にはなかった出来事の記憶をつくる」という課題を学生に出した。その結果，架空のストーリーをあたえられると，実際に経験していなくても，新しいストーリーを自分の中でつくりあげてしまい，偽りの記憶が生じる場合があることがわかったのである。

刑事事件では，犯人ではないのに，「自分が犯人かもしれない」と考えて罪を認めてしまう「虚偽自白」がおこることがある。これは，取調官が事件のストーリーを何回も話すことで，それを聞かされた人の中で，偽りの記憶がつくられてしまうことが理由の一つだと考えられている。

偽りの記憶がつくられるまで

授業の課題で，ある学生は14歳の弟に，子供のころに実際におきた出来事とおきていない出来事を文章で示した。その後，この出来事について思いだしたことを毎日，日記に書くように求めると，弟はしだいに，経験していなかった出来事についても鮮明に思いだすようになった。

ロフタスは同様の実験を18～53歳の実験参加者24人に対して行った※。その結果，24人中6人がうその（実際には経験していない）出来事を「ほんとうにあった」ことととして答えた。

※：Loftus，Sci. Am.，1997，277，70–75

実験参加者に，子供のころの出来事を四つ提示した。そのうち三つは家族から聞いたほんとうにあった出来事で，残る一つは実際には経験していないうその出来事だった。

注：このイラストは実験のイメージである。また，倫理的な配慮から，現在はこのような実験は行われていない。

事実
公園で遊んだ

事実
レストランで
ハンバーグを食べた

うそ
ショッピングモールで迷子になり，
年配の男性といっしょにいた

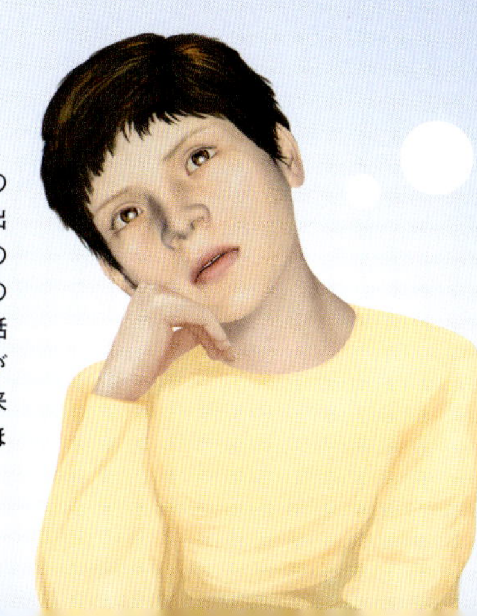

実験参加者の中にはうその出来事をほんとうの思い出として話す人もいた。このとき，実際に経験したかのように，細かい部分まで話したという。しかも時間がたっても，そのうその出来事の記憶が薄れることはほとんどなかった。

偽りの記憶
ショッピングモールで迷子になり，
年配の男性といっしょにいた思い出

記憶は，言葉一つで変わることもある!

私たちの記憶は，非常にあいまいである。偽りの記憶（38～39ページ）を検証したロフタスは，人間の記憶は，あとから入ってきた情報によって変化するものであることを実験で示し，これを「事後情報効果」とよんだ。

1970年代にロフタスらは，交通事故の映像を見せてから，1週間後に事故の内容を思いだしてもらう実験を行った※。すると映像を見た直後の質問のしかたによって，1週間後に参加者が思いだした事故の内容（記憶）が変わったのである（右ページ）。

質問者の聞き方のちがいで目撃証言が変わってしまっては，事件や事故の捜査に影響が出てしまう。たとえば，車のひき逃げ事件で「逃げた車は赤色でしたか？」と質問されると，目撃者の頭の中に赤い車が浮かび，それにつられて記憶が変わるかもしれない。そこで実際の捜査では，「逃げた車は何色でしたか？」のように問う。つまり，できるだけよけいな情報を入れないように質問がくふうされている。

しかしどこかで，「逃げた車は赤色らしい」という噂話などを聞くと，たとえそれがまちがった情報であっても，事後情報効果によって目撃者の記憶が変わる可能性がある。事件発生から時間が経つと捜査がむずかしくなるのは，記憶が薄れるだけでなく，事後情報効果によって記憶が変わることも関係しているようだ。

※：Loftus & Palmer, J. Verb. Learning Verb. Behav., 1974, 13, 585-589

実験参加者に交通事故の映像を見せた。
（フロントガラスは割れていない）

質問の表現で記憶が変わる

実験参加者に交通事故の映像を見せた直後に，事故をおこした際の車の速度を見積もってもらった。このとき，「ぶつかった（hit）」と「激突した（smashed）」という表現で質問されたグループがあった。後者は，衝突がはげしかったと思わせる表現になっている。1週間後，同じ実験参加者に，車のフロントガラスが割れていたかを質問した。すると実際は割れていないのに，「激突した」という表現で質問されたグループのほうが，ガラスが割れていたと回答した人が2倍以上も多かった。

事故の映像を見た1週間後に，車のフロントガラスが割れていたかを実験参加者に質問した。

「どれくらいの速度でぶつかったと思いますか？」と質問されたグループでは，フロントガラスが割れていたと答えたのは14％だった。

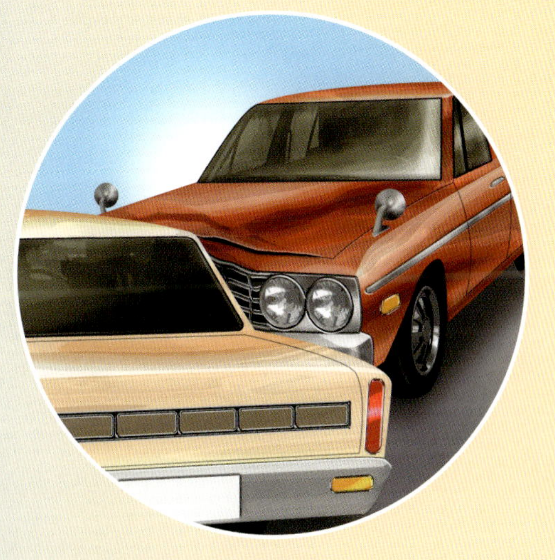

思いだした交通事故の映像
（フロントガラスは割れていない）

「どれくらいの速度で激突したと思いますか？」と衝突がはげしかったと思わせる表現で質問されたグループでは，フロントガラスが割れていたと答えたのは32％だった。

思いだした交通事故の映像
（フロントガラスが割れている）

SECTION 15

Labeling effect

ラベリング効果

ラベルづけによって物事の記憶が変化する

左下に示した図形を見てほしい。この図形を覚えてもらい，あとから何も見ずに紙の上に再現してもらうという実験を行った。このとき，「砂時計に似ています」と伝えてからこの図形を見せると，参加者は砂時計に似た図形をえがきやすかった。一方，「テーブルに似ています」と伝えてからこの図形を見せると，参加者はテーブルに似た図形をえがきやすいことがわかった。私たちは，「砂時計」や「テーブル」の形に関する知識をもっている。そのため，あいまいな図形が「砂時計」や「テーブル」に似ているとラベルづけされると，その知識に沿うように，覚えてしまうのである。このように，対象に何らかのラベルをつけることで，物事の記憶や意味が方向づけられることを「ラベリング効果」という。

先ほど説明した実験をもう少しくわ

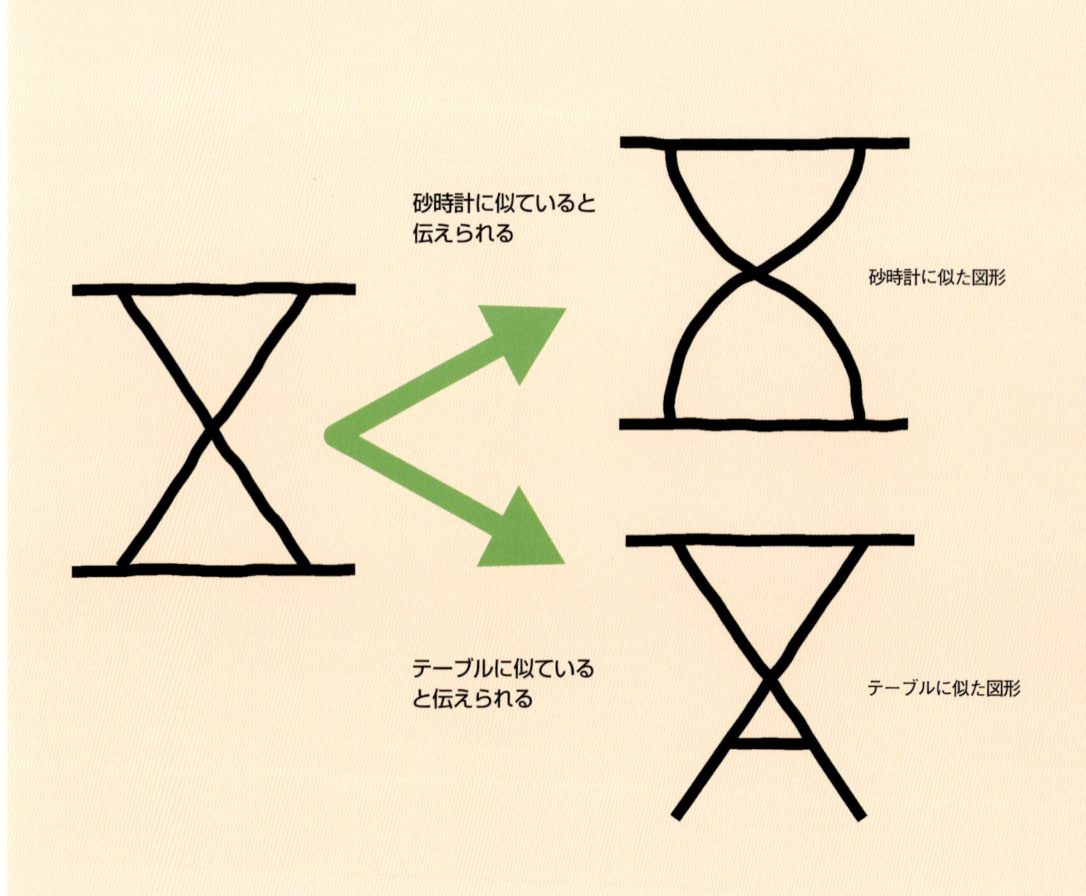

しく紹介しよう。参加者に12個のあいまいな形の図形（その一部を下に示した）を見せたあと，それらをできるだけ正確に再現するように教示する※。このとき，一部の参加者には，図形を見せる前に「次の図形は○○に似ています」と実験者が伝える。すると，その参加者のえがいた図形の約70%が，事前に伝えた単語に似ていることがわかった。一方，事前に何も伝えられなかった参加者の場合は，これらの単語に似ていると判断できた図形の割合は45%だった。

ラベリング効果は，日々の仕事や生活で役に立つこともある。たとえば，パソコンに保存するファイルやフォルダにわかりやすい名前をつける（ラベリングする）ことで，一目で中身がわかり，情報が取りだしやすくなる。

また，商品を販売する際などにも，ラベリングが有効だ。たとえば，商品名やブランド名を聞くと，すぐにその商品のイメージが浮かぶということがある。親しみやすい名前をラベリングすることで，商品の認知度や顧客の購買意欲を高めることができるのだ。

一方，ラベリングには負の側面もある。たとえば人に対してラベリングをしてしまうと，差別や偏見につながるおそれがある。さらに，好ましくないラベリングをされたことで，もともとは問題となるような行動をしていなかった人が問題をおこしてしまう可能性が指摘されている。社会学の「ラベリング理論」では，問題行動の原因はその人自身にあるというよりも，周囲からのラベリング（レッテル貼り）に起因するところが大きいと考えられている。

※：Carmichael et al., J. Exp. Psychol., 1932, 15, 73-86

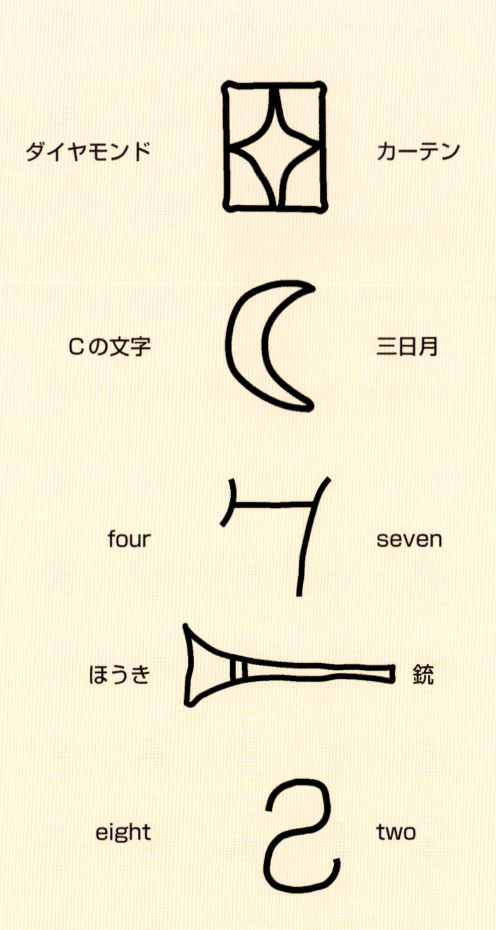

ラベリング効果に関する実験

実験では，参加者に12個のあいまいな形の図形を見せた（イラストはそのうちの5個を示している）。また，二種類の単語リスト（単語リストⅠ，単語リストⅡ）を用意し，参加者を三つのグループに分けた。グループAには単語リストⅠ（ダイヤモンド，Cの文字など）を，グループBには単語リストⅡ（カーテン，三日月など）を用いた。グループCには単語リストはなかった。実験では，グループAとグループBには，各図形を見せる前に「次の図形はXに似ています」と実験者が伝えた。Xに入る言葉は，単語リストⅠと単語リストⅡからそれぞれ図形に対応するものが選ばれた。

すべての参加者がえがいた図形を分析した結果，グループAの参加者がえがいた図形の74%が単語リストⅠの単語に，グループBの参加者がえがいた図形の73%が単語リストⅡの単語に似ていることがわかった。単語リストを与えなかったグループCの参加者がえがいた図形の中には，単語リストⅠと単語リストⅡの単語に似ているものは45%しかなかった。

SECTION 16

Telescoping effect

圧縮効果

昔の出来事を最近のことのように感じる

昔の出来事を最近おきたことのように感じたり，最近の出来事をずいぶん前におきたことのように感じたりした経験はないだろうか。この現象は「圧縮効果」とよばれている。

圧縮効果を検証した実験では，1579人の参加者に過去におきた個人的な出来事を思いだしてもらい，それがおきた時期を回答させた※。このとき，「2000年7月2日」のように明確な時期（絶対時間）か，「5年前」のように現在を基準にした時期（相対時間）のいずれかの形式で答えてもらった。すると，相対時間で回答した場合のほうが時期が不正確だった。これは，「（今から）5年前」といった相対時間の形式のほうが，個人が感じる主観的な時間（心理的な時間）が反映されやすいからだと考えられる。このように，心理的時間と実際に経過した時間（物理的時間）との間にずれ（圧縮）が生じる現象を圧縮効果という。

また，「5年前」のようにかなり昔の出来事を思いだす場合と，「10日前」のように最近の出来事を思いだす場合とでは，時間のずれる方向が逆になることが示された。つまり，昔の出来事は最近おきたことのように思いだされ，最近の出来事は昔におきたことのように思いだされる傾向があった。また，ずれ（圧縮）の度合いは，最近の出来事よりも，昔の出来事を思いだす場合のほうが大きくなる。昔の出来事ほど記憶はあいまいになるため，その分ずれも大きくなると考えられる。

圧縮効果にあらわれる「昔」と「最近」の境界は，個人差はあるがおおむね3年のようだ。つまり，3年以上昔におきた出来事は最近のことのように感じられ，3年以内におきた出来事はそれがおきるより昔（過去）のことに感じられるのである。

※：Janssen et al., Mem. Cogn., 2006, 34, 138-147

最近の出来事と昔の出来事の感じ方

私たちは最近の出来事，たとえば10日前のことを思いだすとき，実際の経過時間よりも少し前におきたことのように感じる傾向がある。一方で，昔の出来事，たとえば5年前のことを思いだすときには，実際の経過時間よりも最近おきたことのように感じやすい。

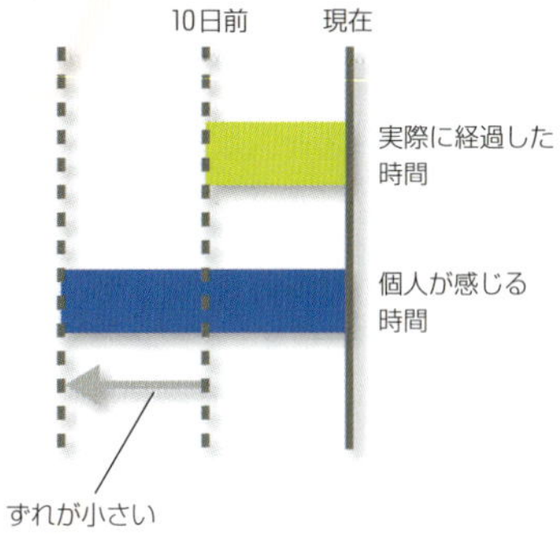

10日前
現在
実際に経過した時間
個人が感じる時間
ずれが小さい

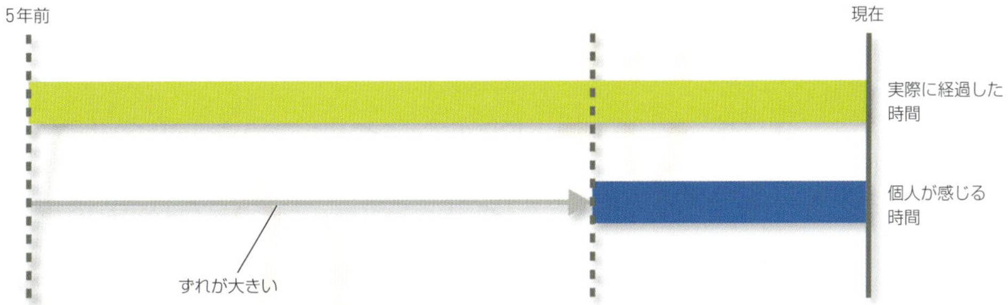

5年前
現在
実際に経過した時間
個人が感じる時間
ずれが大きい

10〜20代の出来事ばかりを思いだす

過去に経験した出来事を思いだしてもらうと，10～20代の頃の出来事がとくに思いだされやすいことが知られている。思いだした出来事の数を，経験した年齢ごとに集計すると，下のグラフのようになる。これを見てわかるように，思いだす出来事の数は10～20代のころが最も多くなる。その部分が盛り上がってこぶ（バンプ）のように見えることから，この現象は「レミニセンス・バンプ」とよばれている（レミニセンスは回想という意味）。

レミニセンス・バンプは，約2000人を対象としたインターネット調査によって検証された※1。参加者はアメリカ人とオランダ人で，年齢は11～70歳だった。調査では，たとえば「『夏』と聞いて思いだすことは？」というように，10個の単語それぞれについて思いだす最初の出来事の内容と時期を記述してもらった。すると，40歳以上の参加者において，おおよそ15～25歳の間に形成された記憶に回想のバンプがあらわれることが明らかになった。

性別などがちがうとレミニセンス・バンプがあらわれる年齢に差が生じる

一方，レミニセンス・バンプがあらわれる年齢には，性別などの属性によるちがいもあった。たとえば，バンプの時期は，男性は15～18歳で，女性は13～14歳で見られた。また，アメリカ人のほうが，オランダ人よりもやや若い時期にバンプが見られた。

レミニセンス・バンプが生じる理由については，いくつか仮説がある※2。たとえば，10～20代の出来事を思いだしやすいのは，この時期の人の認知機能（脳の情報処理の機能）が最も充実しているからだとされている。つまり，ほかの時期よりも多くの出来事について記憶が形成されるため，結果としてその時期の出来事が最も多く思いだされることになる。

また，10～20代は進学や就職，結婚など新たに経験する出来事が多いことや，自我が確立される重要な時期であることから，その時期の出来事がより記憶に残るという説もある。これらの仮説でのべられているような複数の要因が重なることでバンプが生じると考えられる。

※1：Janssen et al., Memory, 2005, 13, 658-668
※2：槙・仲，心理学研究，2006, 77, 333-341

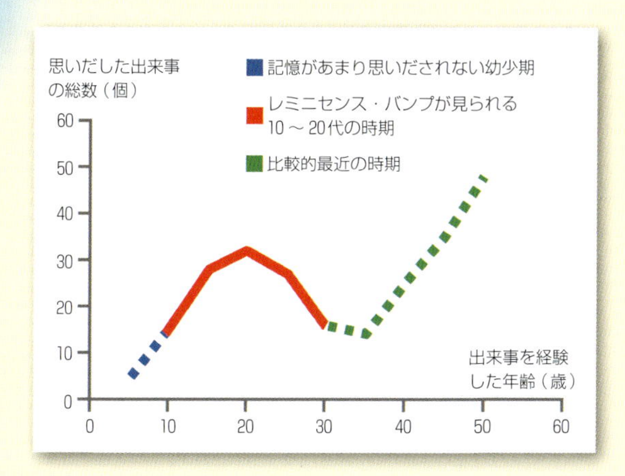

レミニセンス・バンプが見られる時期

左のグラフは，各年齢で思いだした出来事の数を，経験した年齢ごとに集計したものだ。赤い線の部分はレミニセンス・バンプを示しており，10～20代の出来事を多く思いだしているのがわかる。これより前の時期の出来事はあまり思いだされない（青い破線の部分）。30代以降は実年齢に近くなるため，最近おきたことを多く思いだしている（緑色の破線の部分）。

SECTION
18

Rosy retrospection

バラ色の回顧

今よりも昔のほうがよくみえる?

人は「昔はよかった」と過去を美化しがちである。実際にはつらいことや挫折もあったはずだし，過去より現在のほうが，技術の進歩によって便利で快適になっていることも多いだろう。にもかかわらず，過去のほうがよかったと感じるバイアスは，バラ色のメガネを通して過去をみているようなものとして，「バラ色の回顧」とよばれる。

バラ色の回顧は，なぜ生じるのだろうか。私たちは日常生活の中でさまざまな感情を体験するが，いやな思い出をいつまでも引きずらないように，ポジティブな感情より，ネガティブな感情のほうが薄れやすくなっている。これにより，情緒をおだやかで安定した状態に保つことができる。そして，このような心を守るしくみが作動した結果として，バラ色の回顧がおきると考えられている。

小学生のころと今では，どちらが幸せ?

人は，現在よりも過去のほうがよかったと思いがちである。小学生のころのほうが幸せだったと感じている人も，もし当時にもどったら，思っていたほど幸せに感じないかもしれない。過ぎ去った時代をなつかしむ気持ちを「ノスタルジア（ノスタルジー）」というが，そのような気持ちにも「バラ色の回顧」が関係していると考えられる。

コラム COLUMN バラ色の回顧に関する実験

「ヨーロッパ旅行」「感謝祭の休暇」「カリフォルニアでの3週間にわたる自転車旅行」という，ことなる休暇を取った人々に，休暇の前・休暇中・休暇のあとでアンケートを行った。それぞれの時点での気分を回答してもらったところ，休暇前に「楽しいだろう」と期待していた人は，休暇中に落胆するような出来事があっても，休暇後には「よい休暇だった」と回顧していた。

出典：Mitchell et al., J. Exp. Soc. Psychol., 1997, 33, 421-448

完了した内容よりも中断された内容を覚えている

完了した課題の内容よりも，完了していない課題や中断された課題の内容のほうが忘れにくいとされている。この現象を，実験を行った人の名前を冠して「ツァイガルニック効果」とよんでいる。

実験では，参加者に箱の組み立てなどの手作業や頭を使う問題など，約20種類の課題をあたえる※。半分の課題は完了してから次の課題に取りかかるように指示するが，もう半分の課題は未完了の状態で次の課題に取りかかるように指示する。最後の課題を終えたあと，参加者に取り組んだ課題にはどのようなものがあったかをたずねた。すると，参加者が思いだした課題は，完了した課題よりも，未完了の課題のほうが約2倍多かった。

何かに取り組んでいる間は，緊張がつづき，つねにそのことが頭にある状態だ。そのため，取り組んでいる課題の内容もすぐに思いだせる。しかしいったん完了すると，そういった緊張も解消されるため，内容も忘れてしまうと考えられている。

※：Zeigarnik, A source book of Gestalt psychology, 1938, 300-314, Kegan Paul, Trench, Trubner & Company

コラム COLUMN 検索できる情報は，覚える必要なし!?

何かわからないことがあると，インターネットで検索する人は多いだろう。しかし気がつけば，同じことがらを何度も検索していることはないだろうか。インターネットでいつでも検索できる情報や，デジタル機器に保存されている情報は，記憶されにくいということである。これは「グーグル効果」や「デジタル性健忘」とよばれている。

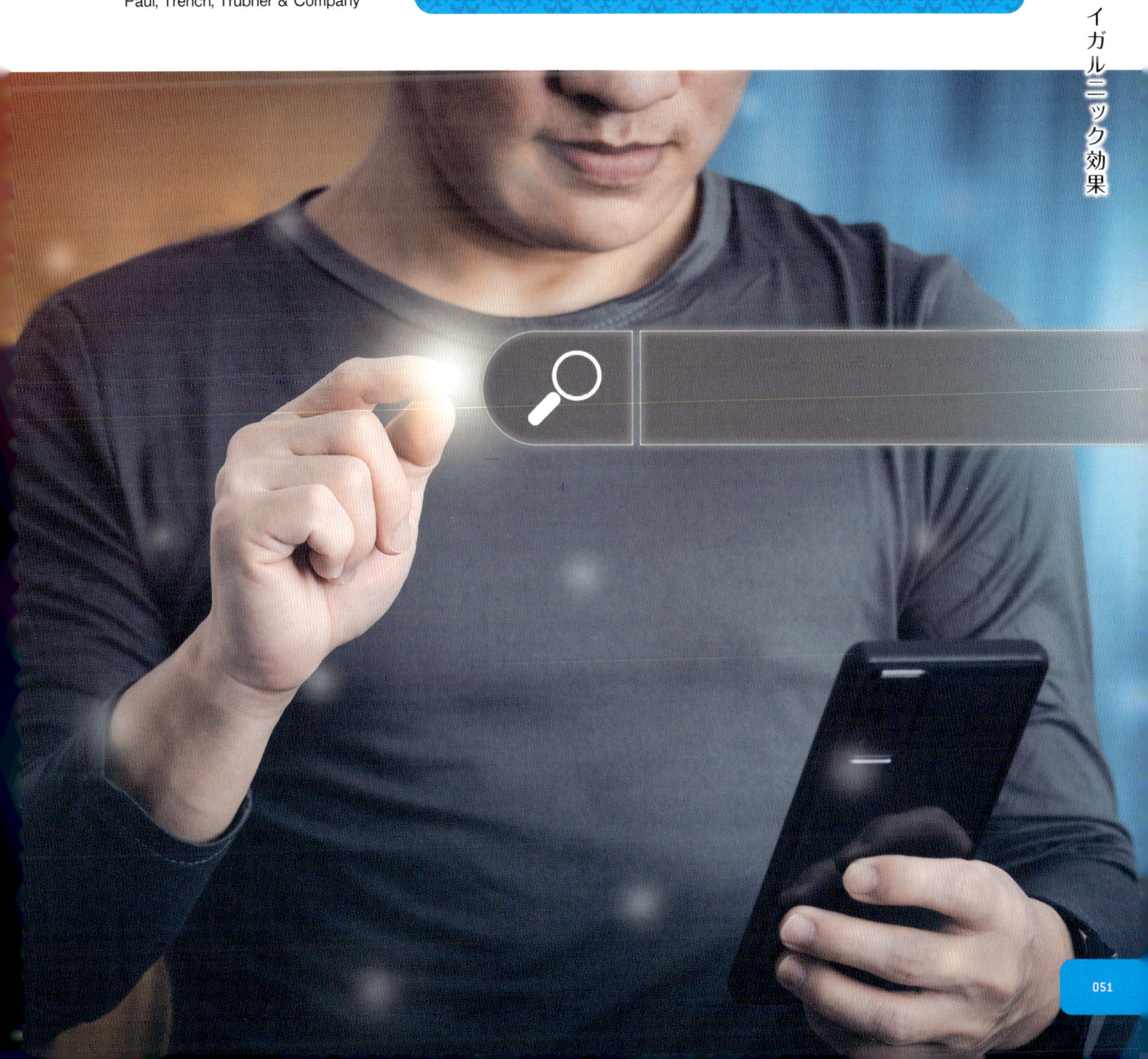

SECTION 20

Paradoxical effects of thought suppression

「考えるな」といわれるとそのことばかりが頭に浮かぶ

皮肉なリバウンド効果

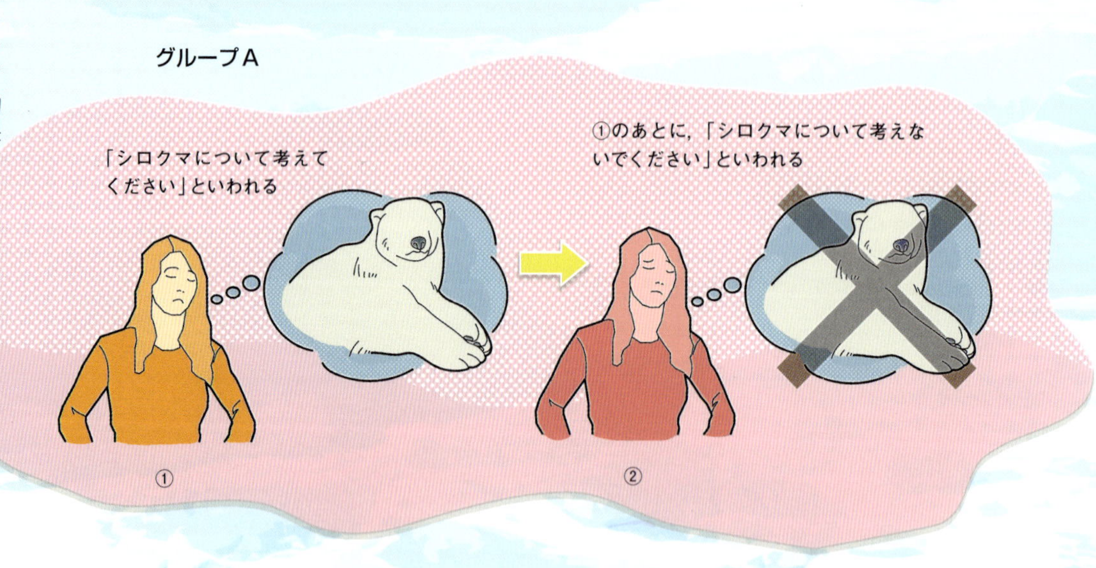

グループA
「シロクマについて考えてください」といわれる
①のあとに，「シロクマについて考えないでください」といわれる
①
②

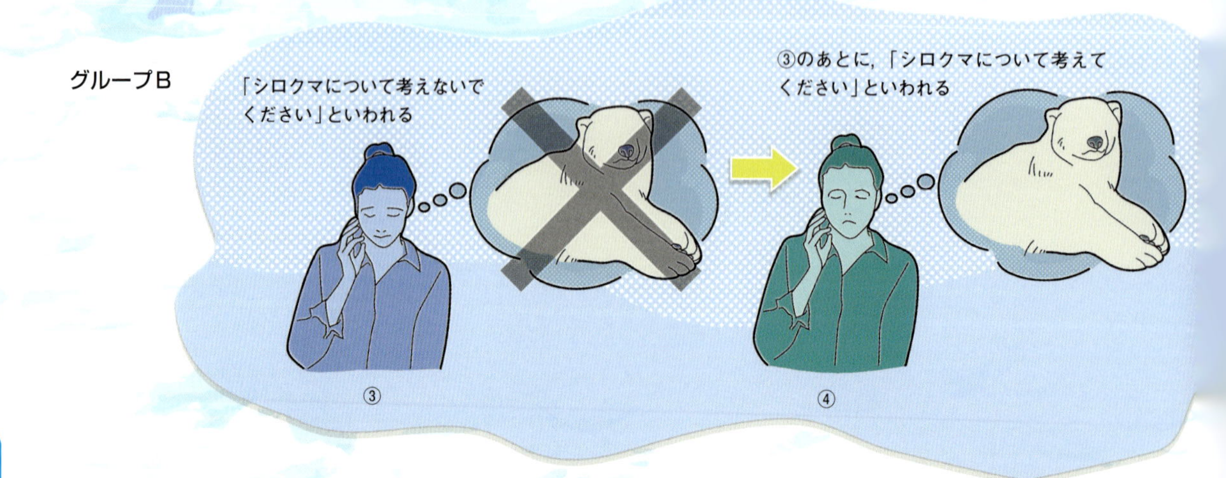

グループB
「シロクマについて考えないでください」といわれる
③のあとに，「シロクマについて考えてください」といわれる
③
④

シロクマ実験とよばれる実験を紹介しよう※。この実験は，アメリカの心理学者ダニエル・ウェグナー（1948 ～ 2013）が行ったもので，参加者は二つのグループに分けられ，グループAは「シロクマについて考える」ようにいわれたうえで，シロクマのことを思いついたときにベルを鳴らした（①）。その後，「シロクマについて考えない」ようにいわれてもシロクマのことを思いついたときにはベルを鳴らした（②）。

グループBは「シロクマについて考えない」ようにいわれたうえで思いついたときにベルを鳴らした（③）。その後「シロクマについて考える」ようにいわれて思いついたときにベルを鳴らした（④）。①～④はすべて5分間で，実験者はその間に，参加者が鳴らしたベルの回数を測定した。

結果は，④のときにシロクマについて最も多くのことを思いついたという。つまり，シロクマについて考えるのをいったんがまんすることで，その後シロクマについて考えたときに，シロクマのことが頭に浮かびやすくなったと考えられる。これを「皮肉なリバウンド効果」という。

※：Wegner et al., J. Pers. Soc. Psychol., 1987, 53, 5–13

考えまいとすると考えてしまうのはなぜ？

④の状況でシロクマについて考える回数が多くなっているのは，その前の5分間でシロクマについて考えないようにしていたためである。直前まで，シロクマのことが頭に浮かんでいないかを，みずからチェックしつづけていたことで，むしろシロクマに対して敏感になり，抑制がなくなったとたん，シロクマのことが頭の中にあふれだしたのだと考えられている。

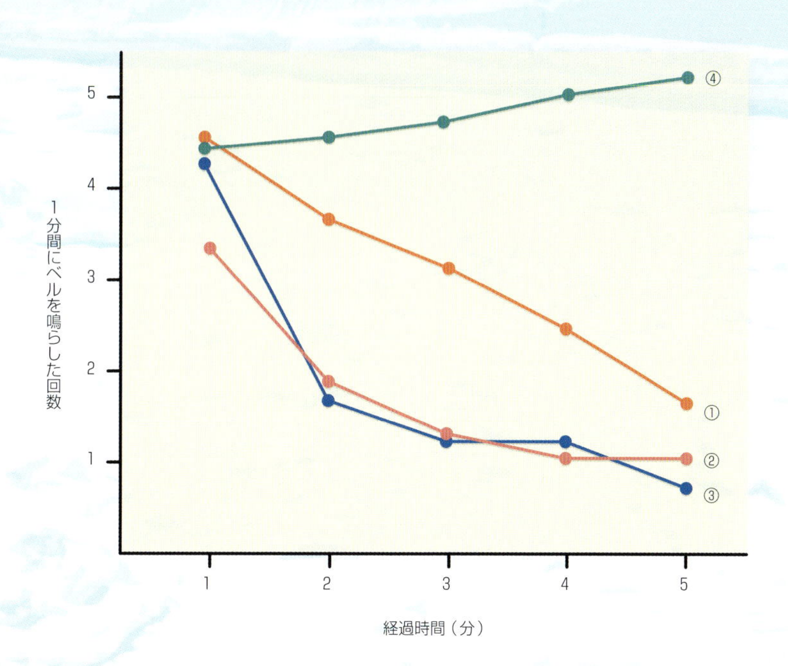

注：この実験では，シロクマのことが頭に浮かんだときにはベルを鳴らすよう指示される。

「後出し」で記憶をつごうよく修正することも

出来事がおきたあとに，それを出来事がおきる前から予測していたかのように錯覚することを「後知恵バイアス」という。後知恵バイアスを検証した有名な研究例を紹介しよう。

1972年，アメリカのリチャード・ニクソン大統領（1913～1994）が中国を訪れ，毛沢東主席（1893～1976）と会談を行ったことが大きなニュースとなった。当時，東西冷戦を背景に，アメリカと中国は対立関係にあったためである。

心理学者のバルーク・フィッシュホフは，ニクソン大統領が訪中する前に，心理学を専攻する大学生を対象に，アンケート調査を行った※。その内容は，「ニクソン大統領は少なくとも1回は

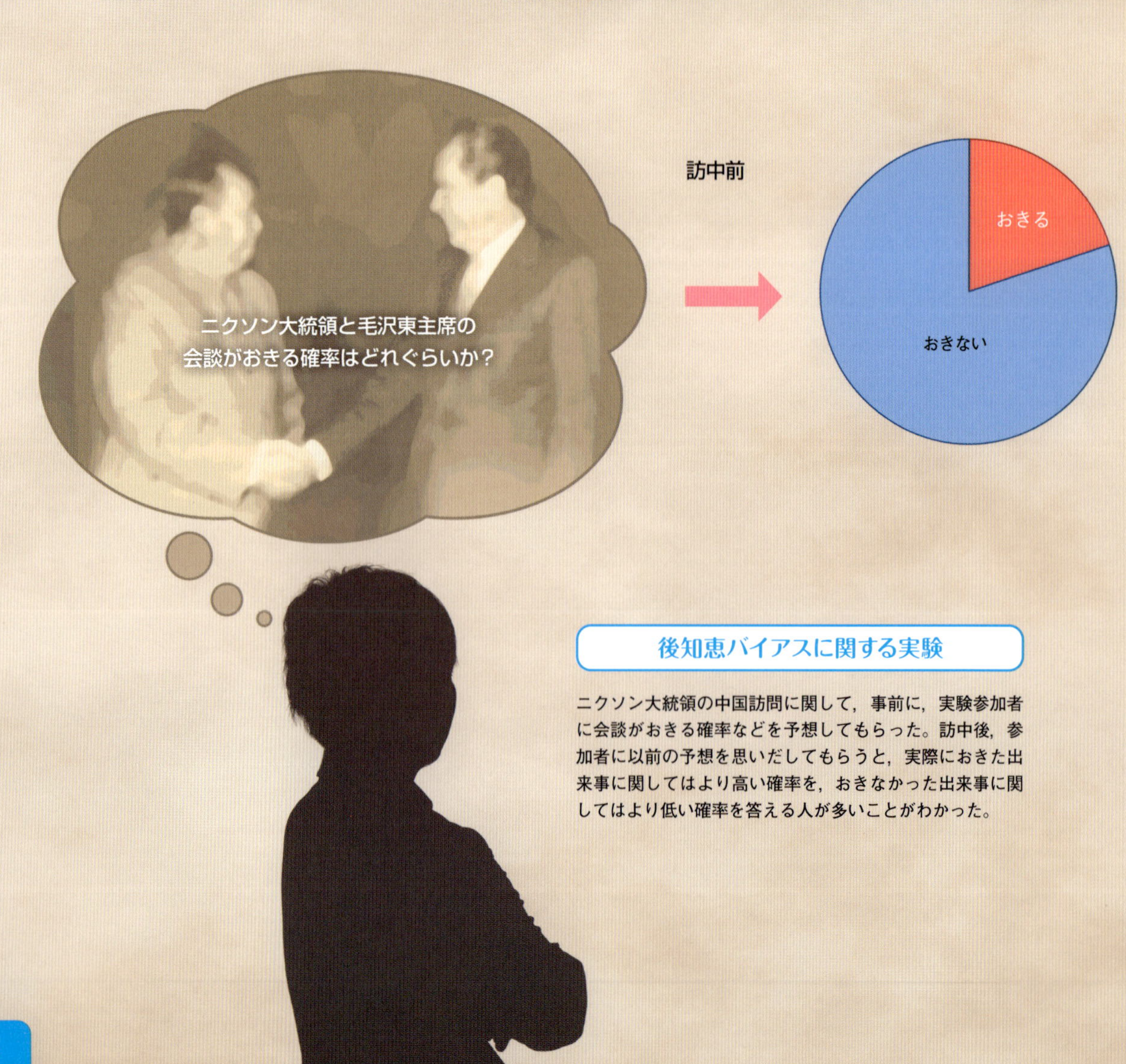

後知恵バイアスに関する実験

ニクソン大統領の中国訪問に関して，事前に，実験参加者に会談がおきる確率などを予想してもらった。訪中後，参加者に以前の予想を思いだしてもらうと，実際におきた出来事に関してはより高い確率を，おきなかった出来事に関してはより低い確率を答える人が多いことがわかった。

毛沢東主席に会う」や「ニクソン大統領は中国訪問が成功だったと発言する」など，ニクソン大統領の外交に関して今後おきうることを15項目あげ，それぞれについておきる確率を予測してもらうというものだった。

ニクソン大統領の訪中後，フィッシュホフはふたたび同じ学生を集めて，前回と同じ15項目について以前に予測した確率を思いだして答えるように指示した。その結果，調査に参加した学生の60％以上が，実際におきたことについては事前の予測よりも高い確率を，おきなかったことについては事前の予測よりも低い確率を答えた。つまり，学生は結果（事実）に合わせて，事前に予測した確率の記憶を"後出し"で修正したということである。

後知恵バイアスがはたらく理由の一つは，以前考えたことを思いだそうとするときにも，現在の知識や情報が影響するためだと考えられている。

しかし，結果に合わせて予測をそのつど変えていると，周囲の人の信頼を失うことになりかねない。物事を予測するからには，その根拠が必要だ。「自分は最初からそうなると予測していた」と思うときには，予測の根拠を明確に答えられるかを自問してみる必要がありそうだ。

※：Fischhoff & Beyth, Organ. Behav. Hum. Perform., 1975, 13, 1-16

過去から未来まで ずっと人は変わらないと思いこむ

久しぶりに再会した友人に対して，「昔と変わらないな」と思ったことがないだろうか。しかし，その人は本当に昔から変わっていないのだろうか――。私たちには，「人は過去から現在，そして未来までずっと変わらない」と思う傾向があり，これを「一貫性バイアス」という。人は時間の経過とともに変化するものだが，このバイアスがあるために，「この人は昔から変わっていない」と思いこんでしまうことがある。

人の行動や考えは一貫していると信じているために，一貫性がないと感じられる他者には否定的な印象を抱きやすい。この現象を確かめた実験の一つを紹介しよう※1。

この実験では大学生の参加者に，面識のない学生の態度調査（物事に対する考えや意見の調査）への回答を二つ見せた。一つは1年前に記入した回答，もう一つは最近記入した回答である。ただし実は，これらの回答は実験者が作成した架空のものであった。そして，一部の参加者には学生の態度が1年後に変化したものを渡し，別の参加者には学生の態度が変化していないものを渡すようにした。その結果，参加者は，1年後に態度が変化した学生のほうを，変化しなかった学生よりも低く評価する傾向があった。

自分自身に対する一貫性バイアス

一貫性バイアスは他者に対してだけ

でなく，自分自身に対しても生じる。つまり，私たちは「自分は過去から現在，そして未来までずっと変わらない」と考える傾向がある。そのため，実際には自分の意見が変化していても，「私の意見は昔からずっと変わらない！」と信じつづけるのである。

たとえば，1972年と1976年にアメリカ国内で党派性（どの政党を支持するか）の調査が行われた[※2]。1976年の調査では，現在の支持政党をたずねるとともに，1972年に自分がどの政党を支持したかを参加者に思いださせた。すると，1284人の回答者のうち，支持する政党が変化した人は22％（282人）いたが，そのうち91％（257人）が自分の支持政党は変化していないと，回答した。

自分の行動や意見の一貫性を保つことは，他者の信頼を得るために必要だ。ただし，一貫性だけが重要なわけではない。たとえば，柔軟に変化したり自分の意見を訂正したりできることで，他者から信頼を得られる場合もあるだろう。

※1：Allgeier et al., J. Appl. Soc. Psychol., 1979, 9, 170-182
※2：Ross, Psychol. Rev., 1989, 96, 341-357

SECTION
23

Peak-end rule

ピーク・エンドの法則

ピーク時と終了時の印象ですべてが決まる

人の記憶は，出来事を経験しているときのピーク時と終了（エンド）時の印象で決まる。これを心理学者ダニエル・カーネマン（1934～2024）は，「ピーク・エンドの法則」とよんだ。経験の長さは関係なく，「終わりよければすべてよし」ということである。

ある実験では，参加者に，がまんできるギリギリの冷たさ（14℃）の水に60秒手をひたす課題と，その課題の後に水温を1℃上げた水に30秒（計90秒）手をひたす課題の2種類を経験してもらった※。その後，参加者にもう一度経験するなら60秒と90秒のどちらの課題がよいかをたずねた。

この場合，苦痛が短かった60秒のほうを選ぶ参加者のほうが多いだろうと予想するかもしれない。90秒のほうは最後に少し温度が上がったとはいえ，冷水の中に30秒も余分に手をひたさなければならないからだ。しかし参加者のほとんどは，90秒のほうを選んだ。苦痛の長さよりも，最後は少し楽になったという印象のほうが記憶に残ったためだと考えられる。

※：Kahneman et al., Psychol. Sci., 1993, 4, 401-405

ダニエル・カーネマン（1934～2024）

認知バイアスの研究において，先駆的存在として知られるイスラエル生まれの心理学者。プリンストン大学名誉教授，ウッドロー・ウィルソン・スクール名誉教授。心理学を経済学に組み入れ，行動経済学の礎を築いた功績によって2002年にノーベル経済学賞を受賞した。

記憶はピーク時と終了時の印象に影響される

出来事などの記憶が，強い感情を経験したピーク時と，その終わりごろの印象だけで決定づけられるという法則をピーク・エンドの法則という。「ピーク」ほどではない途中の印象は，その出来事全体の記憶にはほとんど影響しないといえる。たとえば，行列のできる有名店で食事をしたときに，料理が出てくるまでかなり待たされたとしても，最後においしい料理が出てくると，よい印象が記憶に残り，またその店に行きたいと思うかもしれない。

SECTION 23

Peak–end rule

ピーク・エンドの法則

よい印象よりも悪い印象のほうが記憶に残りやすい

ロボット掃除機を買おうとクチコミ情報サイトを見ていたら，評価点の低いクチコミをみつけ，購入を踏みとどまった。はじめてのデートで相手のガツガツした食べ方が気になり，その不快な印象がぬぐえない——。このように，よい印象よりも悪い印象のほうに注意を向けやすく，また，それを記憶しやすい傾向を「ネガティビティ・バイアス」という。ネガティビティ・バイアスが生じる理由は，一説では，危険や不快といったネガティブな情報に敏感であるほうが，生存に有利だからだと考えられている。

ネガティビティ・バイアスに関する興味深い実験を紹介しよう※1。参加者はまず，特定の感情（否定的，肯定的，中立的）と結びつく二つの単語のペアを学習する。否定的な感情と結びつく単語はdepression（落ちこみ）やdisaster（大きな不幸），肯定的な感情と結びつく単語はluxury（ぜいたくな）やlucky（幸運な），中立的な単語はtool（道具）やbowl（どんぶり）などである。学習の15分後と1週間後に参加者は，提示された単語が学習した単語か否かを判別するテストを受けた。

15分後に行われたテストでは，否定的な単語のペアも，そうでない単語のペアも，学習した単語を判別できる度合い（正答率）は同等だった。

しかし，1週間後に行われたテストでは，否定的な単語のペアは中立的な単語のペアよりも学習した単語の正答率が高いことがわかった。つまり，ネガティブな情報は長い時間がたっても記憶に残っていたといえる。

年をとると，ネガティビティ・バイアスは弱くなる

ネガティビティ・バイアスは年齢によって差があるようだ。加齢とネガティビティ・バイアスとの関連を調べた実験がある※2。楽しい感情と結びつく写真，悲しい感情と結びつく写真，または特定の感情とは結びつかない写真を参加者に見せ，あとでその写真の内容について思いだしてもらった。

実験の結果，高齢者は，楽しい印象の写真よりも悲しい印象の写真の内容を思いださない傾向が見られた（下のグラフ）。つまり，高齢者は他の年代とくらべてネガティビティ・バイアスが弱いといえる。これは，年齢を重ねるにつれ，生存の助けになるようなネガティブな情報に対して敏感であることよりも，自分のいまの気持ちを快適な状態に保つことを優先するようになるためだと考えられている。

※1：Pierce & Kensinger, Emotion, 2011, 11, 139-144
※2：Mather & Carstensen, Trends Cogn. Sci., 2005, 9, 496-502

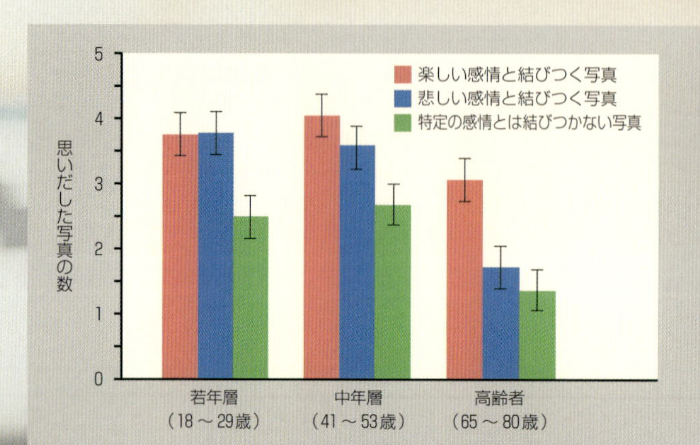

年をとるほど，悲しいことを思いださなくなる
楽しい感情と結びつく写真，悲しい感情と結びつく写真，または特定の感情とは結びつかない写真を参加者に見せ，内容を思いだした写真の数を年齢層ごとに比較した。その結果，年齢が高くなるほど，楽しい印象の写真（ピンク）とくらべて悲しい印象の写真（青色）の内容は思いだされなかった。この結果は，高齢者ではネガティビティ・バイアスが弱まっていることを示している。

星の数が少ないクチコミが気になる

ある品物を購入するためクチコミ情報サイトを見ているとしよう。評価点の高い（星の数が多い）クチコミの中に評価点の低い（星の数が少ない）クチコミがあると，たとえ数が少なくても，ネガティブな意見に引きずられて購入意欲が下がってしまうことがある。

楽しい気分のときは楽しい経験を思いだす

楽しい気分のときには楽しい経験が思いだされ，悲しい気分のときには悲しい経験が思いだされる──。このように，そのときの気分と一致する記憶や判断が促進される現象のことを「気分一致効果」という。

気分一致効果を検証した実験を紹介しよう※。この実験では参加者（大学生30人）に，「暗い気分（うつ状態）」または「明るい気分（高揚状態）」を想起させるカードを読んでもらう。暗い気分を想起させるカードには，たとえば「人生は楽しくない」「物事は望んだとおりにはならない」など，気分を落ちこませるようなメッセージが書かれており，明るい気分を想起させるカードには，「元気で陽気な気分だ」「気分がよくて笑いだしたいくらい」など，気分を高揚させるようなメッセージが書かれている。

このようなカードを読ませることで，参加者を「暗い気分」あるいは「明るい気分」に誘導する。その後，参加者に過去1週間におこった出来事や経験について自由に思いだしてもらった。その結果，「暗い気分」を誘導された参加者は「明るい気分」を誘導された参加者よりも，暗い出来事（ボーイフレンドと別れた，など）を思いだす傾向があった。一方，「明るい気分」を誘導された参加者は「暗い気分」を誘導された参加者よりも，明るい出来事（中間テストでよい成績をとった，など）を多く思いだす傾向があった。

このように，気分に一致した経験や出来事が思いだされる理由の一つは，出来事を記憶するとき，気分状態もいっしょに記憶されるためだと考えられる。

気分一致効果は，物事に対する判断や注意，人に対する印象などにもあらわれる。たとえば，暗い気分のときは将来を悲観的にとらえたり，悪いニュースにばかり注意が向いたりしてしまう。一方，明るい気分のときには，将来について前向きな判断をしたり，会っている人に対してもよい印象をもったりする。

※：Snyder & White, J. Pers., 1982, 50, 149-167

思いだされる経験は，そのときの気分に左右される

晴れやかな気持ちのときにはうれしかった経験（テストでよい成績をとったなど）を思いだしやすく，憂うつなときには悲しかった経験（失恋したなど）を思いだしやすい。

Name
School
Non-Calculator Section:
1 Peter has 168 days left this school year.
A. one hundred eight
B. one hundred sixty
C. one hundred sixty-eight
D. one hundred eighty-six
2 Which of the following numbers has a 4 in the tens place and a 3 in the ones place?
A. 134
B. 344
C. 432
D. 543
3 To get to grandma's house your parents have to drive 23 miles on one road and 47 miles on another road. How many miles do you have to travel to get to your grandma's house?
A. 60 miles
B. 63 miles
C. 70 miles
A+

COLUMN

何度も見た名前は有名だと錯覚する

有名ではない架空の人の名前でも，それを何度も見たり読んだりすると，有名な人の名前であるかのように感じてしまうことがある。これを「有名性効果」という。

有名性効果を検証した興味深い実験の概要を紹介しよう※。無名な人の名前が書かれたリスト（これをリストAとする）を用意し，そこに記された名前を参加者に一つずつ提示し，声に出して読ませる。このとき，リストAに書かれた人の名前はすべて無名であることを伝えておく。そして，その直後または24時間後に，参加者に新しい名前のリスト（これをリストBとする）を提示し，一つ一つの名前に対して，その名前が有名か無名かを判断させる。リストBには，①実際に有名な人の名前，②リストAに記されていた無名な人の名前，③リストAには記されていなかった無名な人の名前，の3種類が含まれている。

その結果，リストAの名前を読んだ直後にリストBを見て，その名前が有名か無名かを判断した場合には，②のリストAに書かれていた無名な人の名前を，有名だと錯覚することはほとんどなかった。ところが，24時間後に判断した場合には，有名な人の名前だとより錯覚しやすくなっていた。

24時間たつと，名前だけが記憶に残る

有名性効果がはたらく理由は，次のように考えられる。リストAを見た直後には，リストAに出てきた名前が無名であることを覚えている。しかし，24時間たつと，名前を見たときのくわしい状況は忘れてしまい，名前だけが記憶に残る。つまり，その名前には，なんとなく見覚えがあるが，なぜその名前を知っているのかは覚えていない状態になる。こういう場合，人は「見覚えがあるのは，たぶん有名人の名前だからだろう」などともっともらしい理由を推測する。こうして，無名な人の名前が一夜にして有名になってしまうのである。

※：Jacoby et al., J. Pers. Soc. Psychol., 1989, 56, 326-338

時間がたつと，どこで聞いたのか忘れてしまう

有名性効果は，「スリーパー効果」とよばれる現象と共通した特徴をもつ。スリーパー効果とは，時間がたつにつれ，情報の出所についての記憶が薄れ，その情報の内容だけにもとづいて判断が行われるようになることをいう。たとえば，SNSで信頼性が低いアカウントから流れてきた情報について，最初はその内容を疑っていたとする。しかし，時間がたつにつれ，その情報の出所がどこだったのかを忘れてしまい，情報の内容だけに注目するようになる。そのため，最初は話半分で聞いていた情報が，一人歩きするようになる。

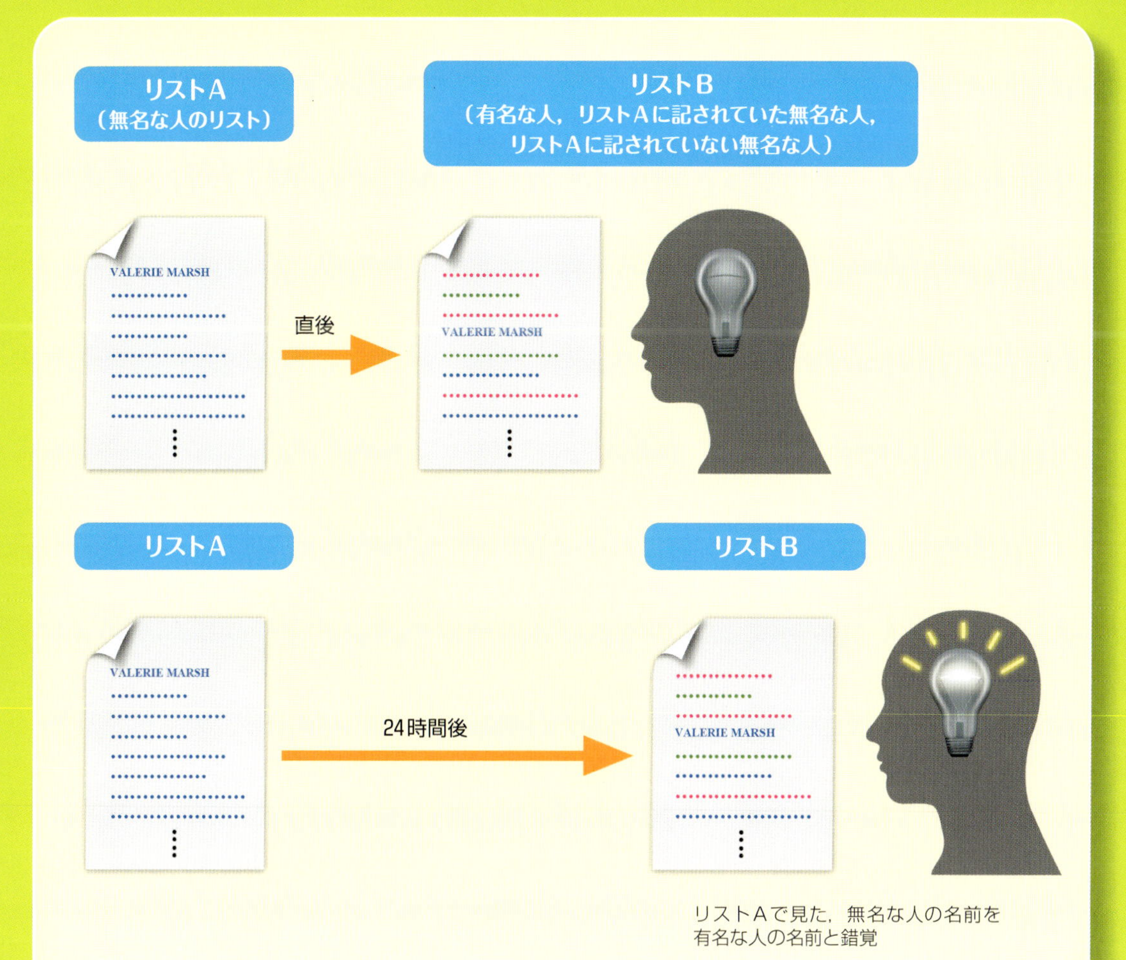

有名姓効果に関する実験

無名な人の名前が書かれたリストＡを参加者に見せ，声に出して読ませたあとで，ことなるリスト（リストＢ）を見せる。リストＢには，リストＡに記されていた無名な人の名前（上のイラストでは，VALERIE MARSHなど）のほか，有名な人の名前や，リストＡに記されていない無名な人の名前が含まれている。

リストＡを読んだ直後にリストＢを見た場合，リストＡの無名な人の名前を有名だと錯覚することはほとんどなかった（上段）。しかし24時間後にリストＢを見た場合には，リストＡの無名な人の名前を有名だと錯覚しやすくなっていた（下段）。

3
判断・意思決定にまつわるバイアス

Biases of Judgment and Decision-making

確率は低いのに「もっともらしい」と思う

右ページの【問題文】を読んだあと，選択肢AとBから，可能性が高いと思われるほうを選んでみよう。

この問題は「リンダ問題」とよばれ，心理学の分野でよく知られている。この問題では，多くの人が，リンダは選択肢Bの「フェミニズム運動[注]に熱心な銀行の窓口係」の可能性が高いと答える[※]。

しかし可能性が高いのは選択肢Aの「銀行の窓口係」だ。なぜなら「フェミニズム運動に熱心な銀行の窓口係」は，「銀行の窓口係」の中に含まれるからだ。このように「フェミニズム運動に熱心」で，かつ「銀行の窓口係」と，複数の条件（命題）を同時にみたす（真である）ことを，論理学では「連言」という。このとき，一つの条件をみたす場合よりも，複数の条件を同時にみたす場合のほうがおこる可能性が高いと，誤って判断することを「連言錯誤」という。

それでは，なぜこのような連言錯誤がおこるのだろうか。提示された問題文からは，フェミニストの典型的な特徴が読み取れる。そのため，多くの人は直観的に，可能性が高いのは選択肢Bだと判断する。このように，ある事例が，特定のカテゴリーの代表的な特徴をどの程度そなえているかをもとにして，その事例のおこりやすさを判断する方法を「代表性ヒューリスティック」という。

ヒューリスティックとは，論理的に考える段階を経ずに直観的に結論に至る方法である。短時間で判断できるというメリットがあるが，連言錯誤のように誤った判断をくだしてしまうデメリットもあるので注意を要する。

注：社会・経済・政治などあらゆる側面において，女性が権利を獲得し，自由に選択できる社会をめざすという思想にもとづく社会運動。

※：Tversky & Kahneman, Psychol. Rev., 1983, 90, 293–315

二つの条件を同時にみたす確率は低い

リンダに関する命題を視覚的にあらわすと，右ページの下のような図（ベン図）になる。この図の左側の命題P（銀行の窓口係である）という領域の中に，右側の命題Pかつ命題Q（フェミニズム運動に熱心な銀行の窓口係）という部分が含まれる。もしリンダが命題Qの条件をみたしたとしても，命題Pをみたすとは限らない。したがって，選択肢Bは，選択肢Aよりも可能性（確率）が低いことがわかる。

【問題文】

リンダという女性がいる。彼女は31歳で独身。非常に聡明で，はっきりものをいう性格だ。リンダは学生時代に哲学を専攻していた。人種差別や社会正義の問題に強い興味をもち，反核運動にも参加していた。下に示した二つの選択肢のうち，リンダは現在，どちらである可能性が高いだろうか。

選択肢A

リンダは銀行の窓口係である。

選択肢B

リンダはフェミニズム運動に熱心な銀行の窓口係である。

リンダに関する命題

命題P：「リンダは銀行の窓口係である」

命題Q：「リンダはフェミニズム運動に熱心である」

命題Pかつ命題Q：「リンダはフェミニズム運動に熱心な銀行の窓口係である」

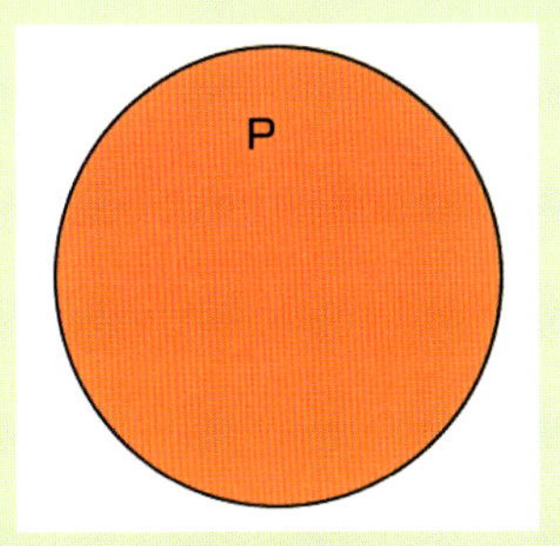

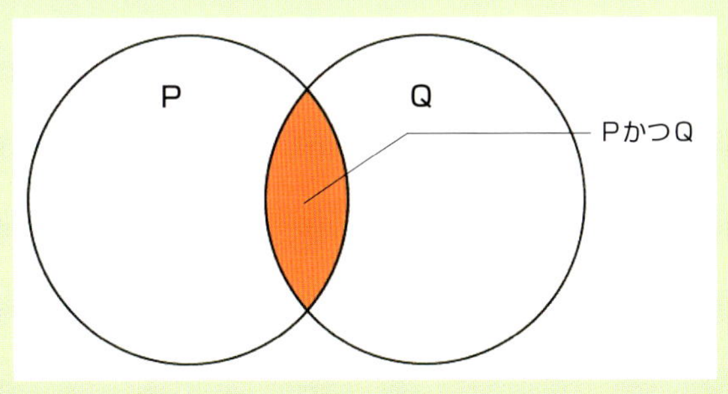

思いだしやすいことが「よくあること」とは限らない

「平和な日常」はニュースにはならない

ニュースで目にするのは，非日常の出来事だ。たとえば高齢ドライバーの交通事故はここ10年で3割ほど減っているが，ふえたという印象をもっている人は多いのではないだろうか。悲惨な出来事やショッキングな映像は印象に残りやすいため，似たようなニュースを何度も目にしていると，そのような出来事が実際以上におきていると思うようになる。

人は思いだしやすい出来事などを，「たくさんある」「よくおきている」と判断する傾向がある。これを「利用可能性ヒューリスティック」という。

エイモス・トベルスキー（1937～1996）とダニエル・カーネマン（1934～2024）は実験を行い※，典型的な英単語の中に，rが最初にある単語（redなど）と，rが3番目にある単語（circleなど）のどちらが多いかを予想してもらった。その結果，rが最初にある単語のほうが多いと予想する人が多かった。しかし実際には，3番目にある単語のほうが多い。このような結果が出たのは，rが最初にある単語のほうが思い浮かびやすいからだと考えられる。

ヒューリスティックは，迅速な判断や意思決定が必要な場合には役立つ（68～69ページ）。ただし注意が必要なのは，マスメディアの報道が，利用可能性ヒューリスティックによる判断に影響することである。メディアで報道されるのは，めったにない非日常の出来事がほとんどだ。しかし，くりかえし報道されると印象に残り，思いだしやすくなって，「よくあること」と勘ちがいしてしまうのだ。

※：Tversky & Kahneman, Cogn. Psychol., 1973, 5, 207-232

数値を示されると それがめやすになる

最初に示された数値に左右される

イラストは実験のイメージである。この実験では，最初に「65%より多いか？」とたずねられたグループの回答の中央値（回答を小さい順に並べたときに中央にくる値）は「45%」だった。一方，最初に「10%より多いか？」とたずねられたグループの回答の中央値は「25%」だった。なお，当時の実際のアフリカ諸国の割合は約31％だった。

商品を売買するときの，売り手側の値段交渉のテクニックとして，次のようなものがある。まず本来の値段より高い金額を提示する。すると買い手はその金額を基準に考えるため，売り手は有利に交渉を進めることができるというものだ。数値を示されると，それが無意味なものであってもその数値をもとに判断がされやすくなる。これを「アンカリング」という。

エイモス・トベルスキー（1937 ～ 1996）とダニエル・カーネマン（1934 ～ 2024）は，参加者を二つのグループに分け，国連加盟国のうちアフリカ諸国は何％だと思うかを推測してもらった※。その際，一方のグループには「65%より多いと思うか？」と質問し，もう一方のグループには「10%より多いと思うか？」と質問したあとに，具体的な数値を回答してもらった。

すると「65%」という数値を出して質問されたグループの参加者のほうが，全般的に高い数値を答えたのである。これは，答える前に示された数値がアンカー（船のいかり）となり，それを基準にして，数値を見積もったからだと考えられている。

※：Tversky & Kahneman, Science, 1974, 185, 1124-1131

SECTION 29

Framing effect

フレーミング効果

聞き方しだいで答えが変わる

意思決定がつねに合理的なら，同じ条件が示されていれば，同じ選択に至るはずである。しかし，現実はそうではない。実際，心理学の研究では同じ内容を問う質問でも，聞き方によって回答者の答えが変わることがわかっている。これを「フレーミング効果」という。

1981年にエイモス・トベルスキー（1937～1996）とダニエル・カーネマン（1934～2024）は，次のような実験を発表した※。流行が予想される病気への対策として二つのプログラムが計画されており，どちらを選ぶかを答えてもらうというものだった（下および右ページ）。

その際，質問のしかた（枠組み＝フレーム）が二つ用意された。一つは「（命が）助かる」という表現をもちいたポジティブ・フレーム，もう一つは「死亡する」という表現をもちいたネガティブ・フレームである。実験の結果，同じことを問う質問でも，フレームによって，選択されやすいプログラムがことなった。

この理由を，トベルスキーとカーネマンは「プロスペクト理論」（78ページ）によって説明している。人間にはリスクをおかしてでも損失をさけようとする傾向がある。プログラムAとCは同じ内容だが，Cが選ばれにくかったのは，Cがネガティブ・フレームで，損失（死亡）という観点から表現されたプログラムだったため，許容しづらかったのではないかと考えられている。

※：Tversky & Kahneman, Science, 1981, 211, 453–458

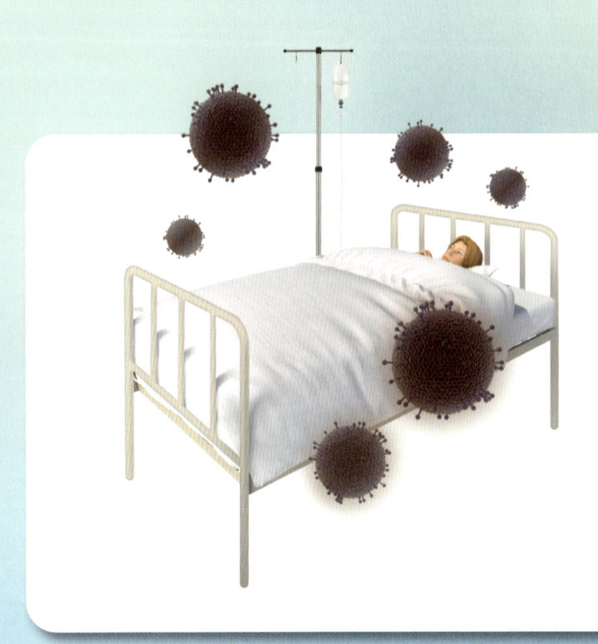

【考えてみよう】
ある病気の流行が予想されており，600人が死亡する見通しとなっている。その対策として2種類のプログラム（右ページ）が示された。
あなたはどちらのプログラムに賛成するだろうか？

ポジティブ・フレーム

どちらのプログラムに賛成ですか？

A. 200人が助かる

B. 3分の1の確率で600人が助かるが，3分の2の確率でだれも助からない

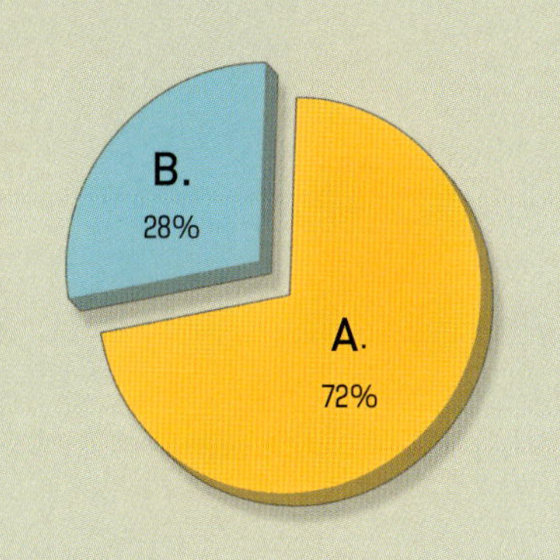

ネガティブ・フレーム

どちらのプログラムに賛成ですか？

C. 400人が死亡する

D. 3分の1の確率でだれも死亡しないが，3分の2の確率で600人が死亡する

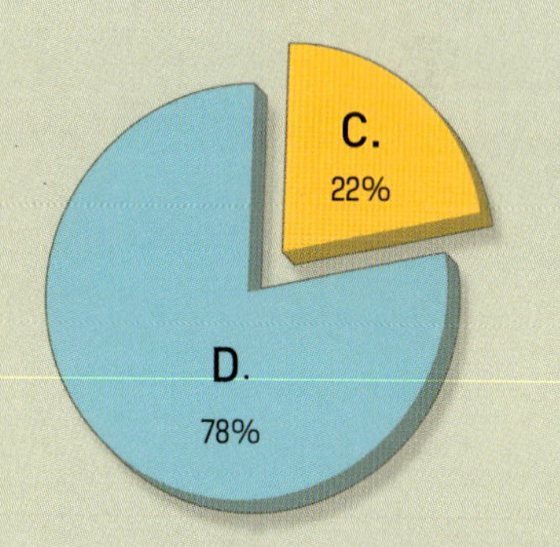

ネガティブな表現は敬遠される

実験参加者に左ページ下の【考えてみよう】を提示した。そして架空の病気への対策として，半分の参加者にはプログラムAとBを，もう半分の参加者にはプログラムCとDを示した。プログラムAとC，そしてBとDは，よくみれば内容は同じである。実験の結果，ポジティブ・フレームでは参加者のうち72％がプログラムAを選んだ。しかし，同じ内容をネガティブ・フレームで表現したプログラムCを選んだ人は22％しかいなかった。

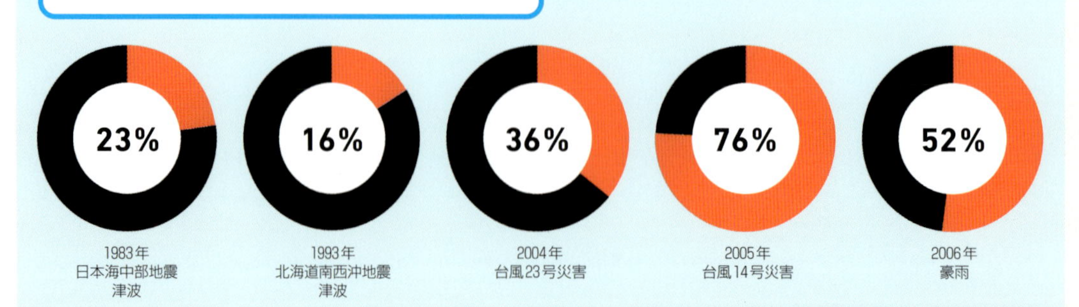

死者がでた過去の災害事例において現地調査を行い，死者が発生するまでの状況を再検証した研究が2004年と2007年に発表された。グラフは津波災害と，豪雨・土砂災害の事例において，実際の死者数に対し，防災情報の提供や改善で救命された可能性がある人数を％で示している。

「これくらいなら大丈夫」「まだそれほど危険じゃない」その思いこみに要注意

仕事をしていると，突然警報装置が作動した——。こんな時，あなたならどうするだろうか。避難訓練で行ったように，ただちに身を守る行動をとるのが理想的だが，実際にこうした行動をとれる人は少ないかもしれない。災害や事故のようなめったにおきない出来事に遭遇したとき，人は「まだ大丈夫だ」などと思いこみ，状況を過小評価する傾向がある。これを「正常性バイアス」という。一説では，極度の不安やストレスを回避するために正常性バイアスが生じると考えられている。

左のページのグラフからもわかるように，豪雨や津波などの災害時には，避難情報や大雨注意報，津波警報などの「防災情報」がとても役に立つ。しかし，過去の災害において防災情報の有用性を調べた研究では，適切な防災情報があっても救えない人命があったようだ[※1, 2]。そこには，正常性バイアスがかかわっていた可能性がある。

感染症でも正常性バイアス

正常性バイアスは水害などの単発的な災害だけでなく，新型コロナウイルス感染症のような慢性的で長期にわたる災害でも生じることが明らかとなってきている。筑波大学の外山美樹教授は，東京都在住の男女710名を対象に，第1波の緊急事態宣言後（2020年5月25日以降）から2020年7月中旬にかけての期間に調査を行った[※3]。「新型コロナウイルスに感染すると思っていたかどうか」を参加者にたずねたところ，半数近くの人が「自分は感染しないと思っていた」と答えた。また，正常性バイアスをもつ人はうつやストレスが低くおさえられる一方で非自粛行動をとりやすいことも，この調査は示している。

正常性バイアスは，ビジネスの場でも生じる可能性がある。「会社の業績が悪化している」という情報を耳にしても「そんなはずはない。うちの会社はまだまだ大丈夫だ」と思いこんで適切な対応をとらないと，取り返しがつかないことになるかもしれない。

※1：牛山・金田・今村，自然災害科学，2004, 23, 433-442
※2：牛山・國分，水工学論文集，2007, 51, 565-570
※3：https://www.osi.tsukuba.ac.jp/fight_covid19_interview/toyama/

損が気になって挑戦できなくなる

新しく挑戦することが合理的な状況であっても，失敗をおそれて現状維持を選択する傾向を「現状維持バイアス」という。このようなバイアスが生じるのは，人は何かを得ることへの期待よりも，失うことへの恐怖が大きいためだと考えられている。このバイアスが生じる理由を説明する代表的なものに，ダニエル・カーネマン（1934～2024）とエイモス・トベルスキー（1937～1996）が1979年に発表した「プロスペクト理論」がある。この理論によれば，損失をこうむることによって生じる心理的インパクトは，同程度の利益を得る場合の1.5～2.5倍とされている（下のグラフ）。

たとえば右ページのような状況を設定したとする※。状況①では，参加者ははじめに1万円をもらう。そのあとで，さらに5000円をもらう（A）か，50％の確率で1万円をもらえる賭けにいどむ（B）か，のどちらかを選ぶ。状況②では，参加者ははじめに2万円をもらう。そのあとで，5000円を返す（A）か，50％の確率で1万円を返す賭けにいどむ（B）か，のどちらかを選ぶ。この場合，状況①では，5000円をもらう（A）を選ぶ人が多く，状況②では1万円を返す賭けにいどむ（B）を選ぶ人が多くなった。

状況①と状況②では，（A）と（B）それぞれで最終的にもらえる金額の期待値は同じである。それにもかかわらず，利益を得る状況①では（A）が選ばれ，損失をこうむる状況②では（B）が選ばれる傾向があった。これは，それぞれの状況で，「損をした（得が少なくなった）」と感じる選択肢を回避したためだと考えられる。

人生には，挑戦するか，現状を維持するかを選択する場面が数多くある。未来は不確実なため，現状を維持するほうがより安全に思える場合もあるだろう。しかし，挑戦するほうがメリットがありそうな場合でも，損失を恐れるあまり，なかなか挑戦できないことがある。迷ったときには，何を最優先にすべきか，冷静に考えてみる必要がありそうだ。

※：Kahneman & Tversky, Econometrica, 1979, 47, 263-292 の実験をもとに改変

損は得より重く感じる

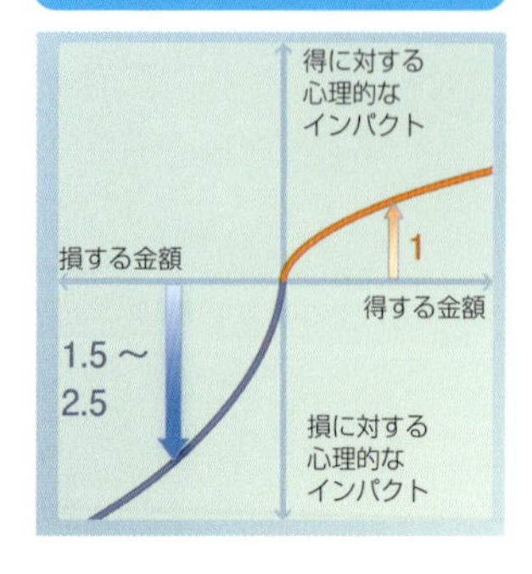

「損をした」と感じる選択肢を避けようとする

右ページのような状況を考えてみよう。状況①のように利益を得る場合には，確実に5000円をもらえる（A）の選択肢が選ばれる傾向にあった。一方，状況②のように損失をこうむる場合には，1円も失わない可能性が残されている（B）の選択肢が選ばれる傾向にあった。

状況①

まず1万円をもらう。そのあと，さらに5000円もらえる（A）か，50％の確率で1万円がもらえるかもしれない（B）かを選ぶ。すると，（A）のほうが選ばれる確率が高くなった。これは，（A）では確実に5000円もらえるのに対し，（B）では1円ももらえない可能性があるためだろう。

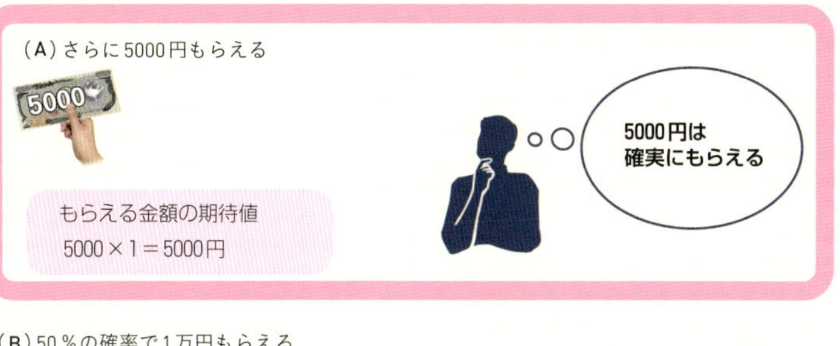

（A）さらに5000円もらえる
5000
5000円は
確実にもらえる

もらえる金額の期待値
$5000 \times 1 = 5000$円

（B）50％の確率で1万円もらえる

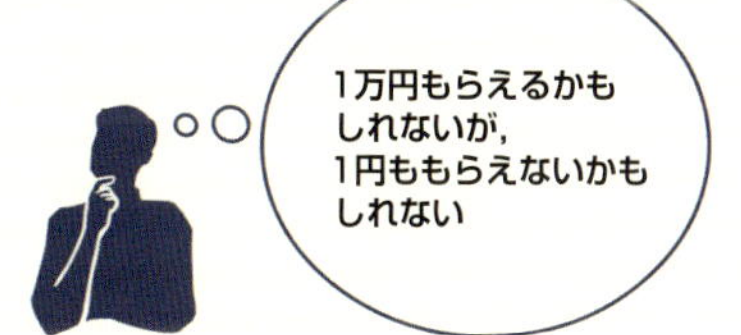

1万円もらえるかも
しれないが，
1円ももらえないかも
しれない

もらえる金額の期待値
$10000 \times \frac{1}{2} + 0 \times \frac{1}{2} = 5000$円

状況②

まず2万円をもらう。そのあと，そこから5000円返す（A）か，50％の確率で1万円を返すことになるかもしれない（B）かを選ぶ。すると，（B）のほうが選ばれる確率が高くなった。これは，（A）では確実に5000円返さなければならないのに対し，（B）では1円も返さなくてよい可能性があるためだろう。

（A）5000円返す

返す金額の期待値
$5000 \times 1 = 5000$円

（B）50％の確率で1万円返す

1万円失うかも
しれないが，
1円も失わないかも
しれない

返す金額の期待値
$10000 \times \frac{1}{2} + 0 \times \frac{1}{2} = 5000$円

SECTION 32

Sunk cost effect

サンクコスト効果

過去の投資がもったいなくてむだな投資をつづける

超音速旅客機「コンコルド」は，1960年代にフランスとイギリスで共同開発され，1975年に定期国際線に就航した。しかし，乗客定員が少ない，燃費が悪いなどの問題から，就航前から採算がとれないことは明らかだった。それでも，一度動きだした計画を止めることができず，就航後はさらなる赤字に追いこまれていった。結局，コンコルドは2003年に運航停止になった。

このように，すでについやしたコスト（費用，

時間，労力など）がむだになることを受け入れられず，さらなるコストの投入をやめられない現象を「サンクコスト効果」といい，「コンコルド効果」ともよばれる。

人は過去についやしたコスト（サンクコスト）をもったいなく感じ，その分を取り返そうとする傾向がある。たとえば，ギャンブルや株式投資で損失が発生したときに，それを取りもどそうとしてさらに深みにはまることも，サンクコスト効果で説明される。

「取りもどせない費用」の象徴となってしまった超音速機

ドイツのジンスハイム自動車・技術博物館に展示されているコンコルド。空気抵抗の少ないとがった機首が特徴的で，約5500キロメートルあるニューヨーク―ロンドン間を約3時間半で飛行した。しかし燃費が悪いなど採算がとれないうえに，2000年には墜落事故もあり，2003年11月に全機が退役した。

「休まない場合は申告してください」というと休暇の取得率が高くなる

パソコンやスマホを買ったとき，あらかじめ（工場出荷時）にそなわっている設定のことを「デフォルト（初期設定）」という注。また，インターネットで買い物をするときに，メールマガジンの配信やレビュー依頼メールの受信などがあらかじめ選択されていることがある。これもデフォルトの一例だ。これらは，あとから自分の意思で自由に変更できるものだが，多くの人はデフォルトからわざわざ変更をしないようだ。このような傾向を「デフォルト効果」という。

デフォルトを推奨された設定だと思ったり，変更する際にいろいろ考えるのが負担であったりすることがデフォルト効果を招くと考えられている。また，変更によって損失が生じる可能性がある場合，それを回避しようとすることも，デフォルト効果が生じる一因であると考えられている。

初期設定が「臓器提供する」だと，わざわざ変更しない

デフォルト効果が顕著にあらわれている一例に，臓器提供の同意率がある※1。たとえば，日本，デンマーク，オランダ，イギリスといった国では臓器提供をしてもよい人が意思表示する「オプトイン方式」をとっており，臓器提供の同意率は低い傾向にある。

逆に，オーストリアやベルギー，フランスといった国では臓器提供をしたくない人が意思表示する「オプトアウト方式」をとっており，臓器提供の同意率は非常に高い傾向にある。これらの国ではデフォルトが「臓器提供をする」となっており，それをわざわざ変更する人が少ないので，同意率が高いのだと考えられる。実際，アメリカのコロンビア大学が行った実験では，「オプトアウト方式」に割り当てられた参加者は「オプトイン方式」に割り当てられた参加者とくらべて臓器提供の同意率が約2倍に達したことがわかっている※1（右ページのグラフ）。

デフォルト効果は，身近なところでは休暇の取得促進にも応用できるようだ。中部管区と関東管区の警察局では，職員が宿直をした翌日に「休暇を取得する」ことをデフォルトとするオプトアウト方式を採用した。その結果，宿直明けの休暇取得人数は前年にくらべて3倍ほどに増加した※2。

注：デフォルトは本来，怠慢や不履行などの意味をもつ。ITや経済，スポーツなど，分野に応じてさまざまな意味で使われている。

※1：Johnson & Goldstein, Science, 2003, 302, 1338-1339

※2：中部管区警察局岐阜県情報通信部，関東管区警察局静岡県情報通信部，オプトアウト方式による休暇取得の促進，2019，行動経済学会 第13回大会

有給休暇の取得率を上げる秘策

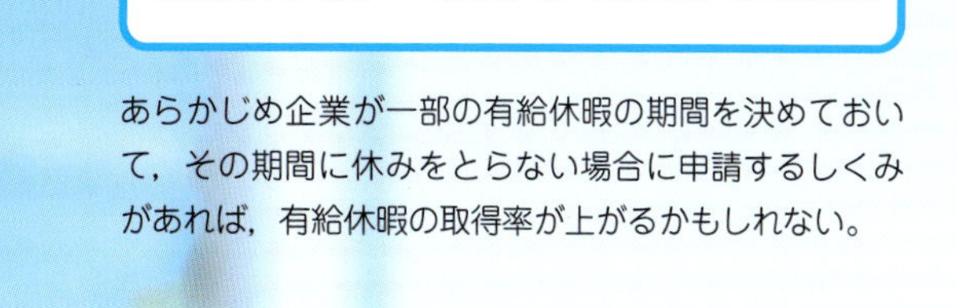

あらかじめ企業が一部の有給休暇の期間を決めておいて，その期間に休みをとらない場合に申請するしくみがあれば，有給休暇の取得率が上がるかもしれない。

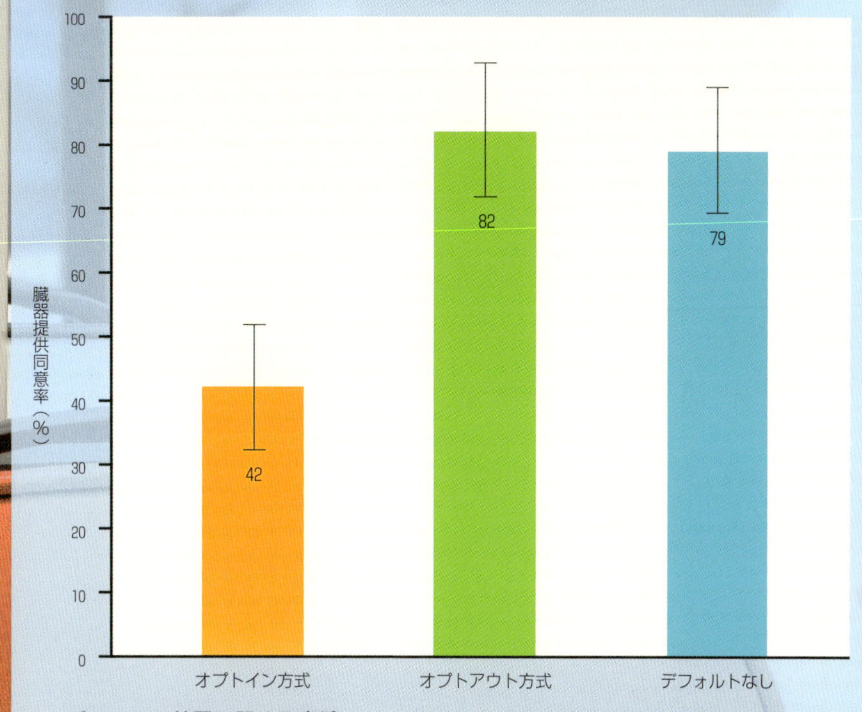

デフォルト効果に関する実験

デフォルト効果を検証するために，アメリカで行われた実験では，161名の参加者を「オプトイン方式」「オプトアウト方式」「デフォルトなし（選択肢なし）」のいずれかに割り当て，臓器提供の意思をオンラインで答えてもらった。その結果，「オプトアウト方式」の臓器提供同意率は82%にのぼり，「オプトイン方式」（アメリカで実際に採用されていた方式）の42%を大きく上まわった。

美味しそうなケーキは見のがせない

目の前に美味しそうな食べ物が出てきたとき，ダイエットをつい先のばしにした経験はないだろうか。

明日得られる利益よりも今日得られる利益が大切

モデルのようにスリムな体型になりたいから,「ダイエットをしよう」とはりきっているとき, 目の前に美味しそうなケーキをさしだされたとする。そんなとき,「このケーキは今しか食べられない。ダイエットは明日からはじめようかな」と思うのではないだろうか。このように, 人は将来得られる利益よりも, 今得られる利益を重視する傾向がある。これを「現在志向バイアス」という。

現在志向バイアスは, 金銭を受け取る次のような状況でも生じる。たとえば,「1年後に3万円をもらえる」場合と「2年後に4万円をもらえる」場合を比較して好きな方を選ぶときには, より多くのお金をもらえる後者を選ぶ人が多いだろう。しかし,「今, 3万円をもらえる」場合と,「1年後に4万円もらえる」場合の比較では, 反対に前者を選ぶ人が多いのではないだろうか。「1年多く待てば, 受け取れる金額が1万円ふえる」という状況はどちらも同じだが, 今すぐもらえるお金には特別な価値を感じるようだ。

問題を先送りにしてしまう

先のダイエットの例では, 目の前のケーキを食べたいがゆえにダイエットをはじめる時期を遅らせている。このように現在志向バイアスにより, 本来であればなるべく早く取り組まなければならない問題を先送りにしてしまうことがある。喫煙者, 元喫煙者, 非喫煙者（一度も喫煙したことがない人）を対象に行った実験では, 喫煙者において, より強い現在志向バイアスが見られた※。喫煙者はタバコを吸う快楽を今味わいたいがために, 健康管理を後まわしにしているのかもしれない。

※：Bickel et al., Psychopharmacology, 1999, 146, 447-454

喫煙と現在志向バイアス
アメリカのバーモント大学で, 喫煙者の現在志向バイアスを検証する実験が行われた※。
喫煙者23名, 元喫煙者21名, 非喫煙者22名を対象に, 金額をいろいろ設定し, そのお金をいつ受け取りたいか（現在か, それとも一定期間後か）を調べた。その結果, 非喫煙者・元喫煙者とくらべて喫煙者は今すぐに手に入るお金を重視する傾向がより強くみられた。また, 喫煙者にはタバコについても同様の実験が行われた。その結果, お金で見られた現在志向バイアスは, タバコでさらに強く見られることがわかった。

SECTION 35

Omission bias

不作為バイアス

どうせ失敗するなら何もしないほうを選ぶ

日常生活の中で,「どうせ失敗するなら, 何もしないほうがましだ」と考え, 行動しなかったという経験はないだろうか。このように, 何かをしても（作為）, しなくても（不作為）, 悪い結果になる可能性がある場合には, 人は不作為を選ぶ傾向がある。これを「不作為バイアス」という。

不作為を選んだ場合, そこには「行動しない」という自発的な意思決定があったはずだが, そのような選択が行われたことは, ほかの人からはわからない。そのため, 何か悪いことがおきても「自分のせいではなく, おこるべくしておきたのだ」と考えることができ, 意思決定にともなう責任から逃れやすくなる。そのため, 不作為のほうが選ばれやすいのだと考えられる。

不作為バイアスを検証した実験では, 自分の子供にインフルエンザワクチンを予防接種するか否かを決めなければならないという場面を, 参加者に想像させた[※1]。そして, インフルエンザに罹患することによる死亡率は1万人に10人, 予防接種の副作用による死亡率は1万人に0～9人であるという情報を参加者に伝える。

確率を考えれば, 子供に予防接種を受けさせるという判断のほうが合理的だが, 参加者の23％が, 死亡率が0％にならない限り, 予防接種は受けさせないと回答した。また, 副作用による死亡率が1万人に9人だと伝えた場合は, 予防接種を受けさせることを選択した人の割合はわずか9％にとどまった。

このことから, たとえ死亡率を低くおさえることができる場合でも, 人は「死のリスク」が少しでもかかわるような判断を, 自分ではしたくないことがわかる。

※1：Ritov & Baron, J. Behav. Decis. Mak., 1990, 3, 263-277

不作為バイアス

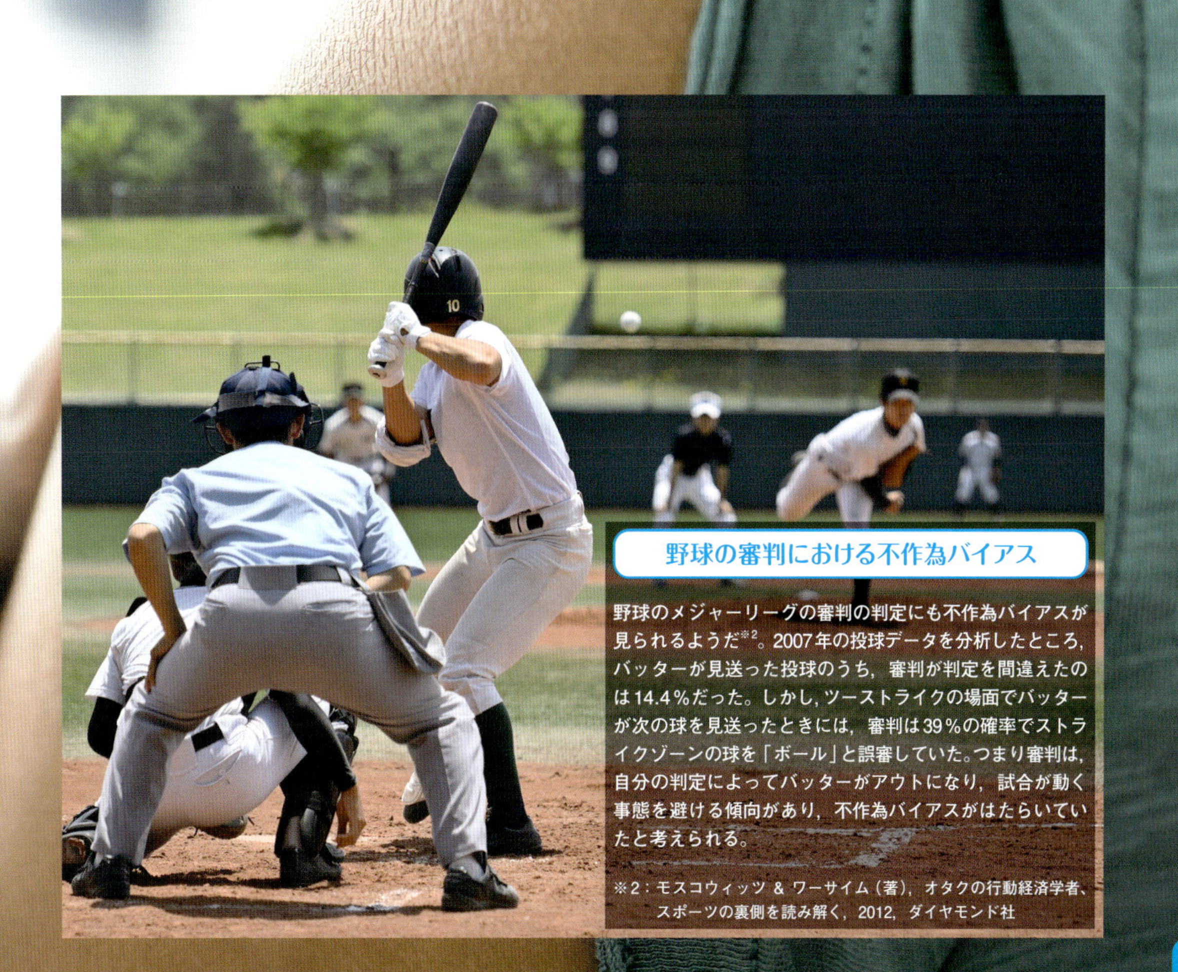

野球の審判における不作為バイアス

野球のメジャーリーグの審判の判定にも不作為バイアスが見られるようだ※2。2007年の投球データを分析したところ，バッターが見送った投球のうち，審判が判定を間違えたのは14.4％だった。しかし，ツーストライクの場面でバッターが次の球を見送ったときには，審判は39％の確率でストライクゾーンの球を「ボール」と誤審していた。つまり審判は，自分の判定によってバッターがアウトになり，試合が動く事態を避ける傾向があり，不作為バイアスがはたらいていたと考えられる。

※2：モスコウィッツ & ワーサイム（著），オタクの行動経済学者、スポーツの裏側を読み解く，2012，ダイヤモンド社

SECTION 36

Zero-sum bias

ゼロサム・バイアス

「協力」ではなく「競争」だと思うのはなぜか

だれかが得をしたら，それと同じ分だけだれかが損をして，差し引きの合計（サム）がゼロになる状況のことを「ゼロサム」という。一方，二人が協力することで新たな利益が生まれるなど，片方の得が，もう片方の損にはつながらない場合もある。このように，お互いの損得の合計がゼロより大きいあるいは小さい状況を「ノン・ゼロサム」という。

現実の状況は，ゼロサムの場合もノン・ゼロサムの場合もあるが，ノン・ゼロサムになりうる状況であっても，人は，ゼロサムだと思いこんでしまう傾向がある。これを「ゼロサム・バイアス」という。

ゼロサム・バイアスは，日常のさまざまな場面でみられる。たとえば学校の成績だ。学校で成績を評価する方法には「相対評価」と「絶対評価」の2種類があり，相対評価はゼロサムだが，絶対評価はノン・ゼロサムである。しかし，カナダのゲルフ大学で行われた実験では※，学生は「成績は絶対評価で決まる」といわれても，相対評価だと感じる，つまりゼロサムの状況と解釈する傾向がみられた（右ページのグラフ）。

ゼロサム・バイアスは集団間でもはたらくことがある。たとえば，移民の受け入れが拒否される理由の一つに，ゼロサム・バイアスを指摘する研究者もいる。

国の資産や仕事の数をゼロサムでとらえ，移民のことを「自国の資産や仕事を搾取する集団」だとみなすと，移民を排斥する思想につながるおそれがある。しかし，移民がもたらす労働力や技術によって経済が発展し，新たな仕事が生まれる可能性もあり，状況はゼロサムとは限らない。

※：Meegan, Front. Psychol., 2010, 1, 191

ゼロサム・バイアスに関する実験

実験参加者には，絶対評価で決まる試験の成績であることを伝えたうえで，19名分の点数が書かれた表を渡した※（点数は1～5点の5段階）。なお，この際，参加者は二つのグループにあらかじめ分けられており，グループAには高得点（4点，5点）の学生が多い点数表を，グループBには低得点と高得点の学生が同数程度いる点数表を渡した。そのうえで，両グループの参加者に，20人目の学生の点数を予想してもらったところ，グループAのほうがグループBよりも，20人目の点数を低く予想する傾向があった。絶対評価の場合，19名の中に高得点者が多く含まれているほど，20人目の学生も高得点であると予想するほうが自然である。なぜなら，全般的に高い点数がつく試験だと考えられるからである。にもかかわらず，グループAのほうが点数を低くつけたのは，ゼロサム（相対評価）だと考えてしまったからだろう。

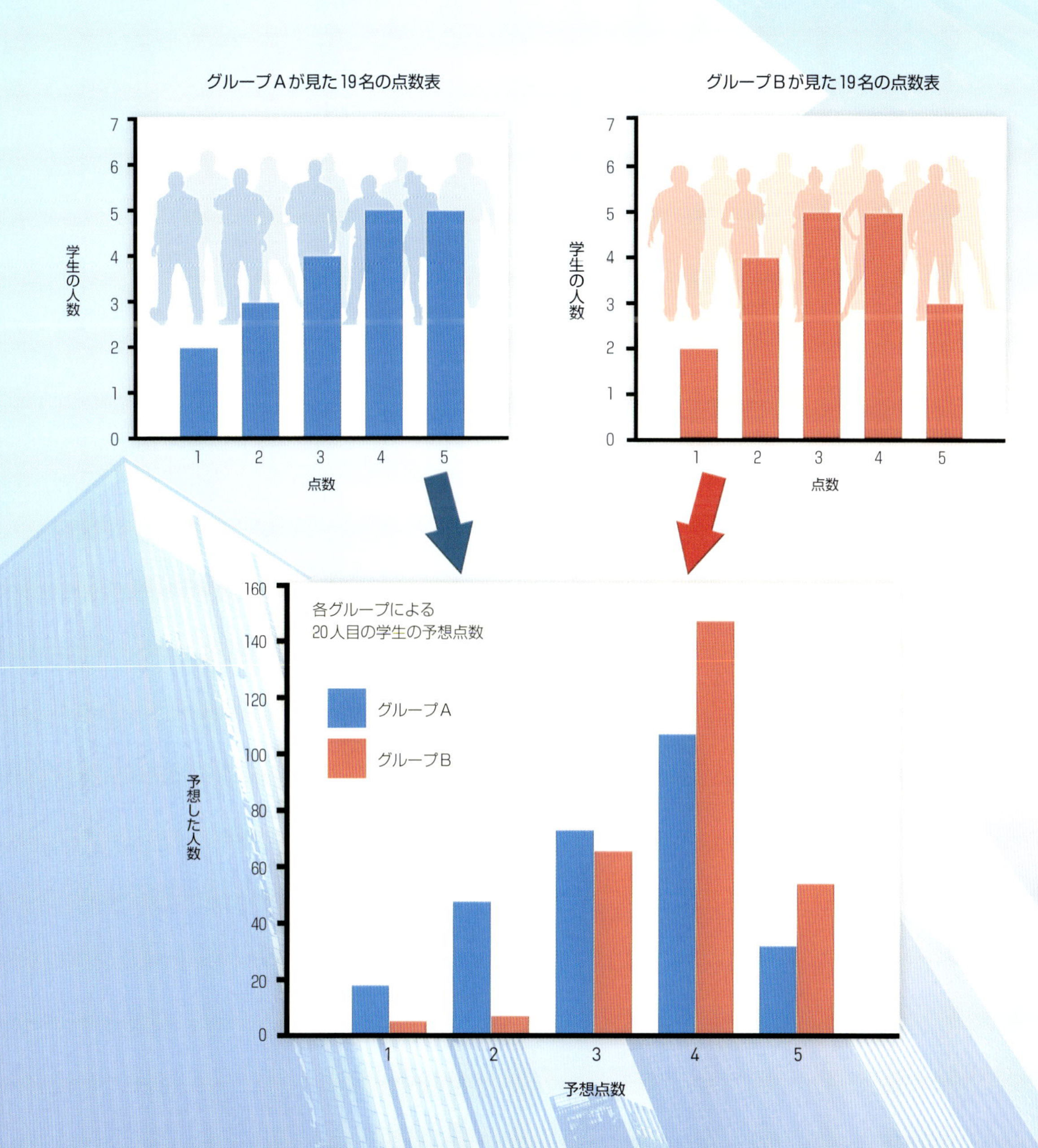
グループAが見た19名の点数表
学生の人数
点数
グループBが見た19名の点数表
学生の人数
点数
各グループによる
20人目の学生の予想点数
グループA
グループB
予想した人数
予想点数

COLUMN

ささいなことが連鎖して騒動を生みだす

頭に思いうかびやすい（利用可能性の高い）情報ほど，その頻度を高く見積もる傾向があるという。これは70～71ページで紹介した，「利用可能性ヒューリスティック」とよばれる認知バイアスだ。たとえば，メディアが交通事故のニュースをひんぱんにとりあげると，人は交通事故が実際以上におきていると思う。こうした個人のバイアスが人々の間で連鎖（カスケード）することで，集団の考えや信念が誤った方向にみちびかれることがある。この現象を「利用可能性カスケード」という。「カスケード」とはつらなった小さな滝という意味で，当初は小さかった個人のバイアスが，徐々に世論という大きな流れを形成し，騒動となるようすをあらわす。

1999年に報告された論文の中で，利用可能性カスケードのいくつかの事例がまとめられている※。その一つに，1996年におきた「トランス・ワールド航空800便墜落事故」がある。これは，ニューヨーク発パリ行きのトランス・ワールド航空（TWA）の航空機が飛行中に突如爆発して墜落し，乗員乗客230名全員が死亡した事故である。事故の原因は当初不明だったが，メディアは「テロリストのしわざではないか」という説を報じた。すると，その情報は市民の間でまたたく間に広がり，社会全体が事故の原因は航空テロであるという信念をいだくようになった。実際，アメリカ政府は市民の声に影響されて，アメリカ全土の空港でセキュリティ強化などの対策をこうじた。しかし，その後の詳細な調査で，事故の原因は電気配線の腐食であることが判明し，航空テロ説は否定されることとなった。

航空テロの証拠はないのに，その説を見聞きする機会が多く，そのことが頭に思いうかびやすい（利用可能性が高い）ために，社会全体が虚偽の情報を信じこんでしまった事例である。こうした事例では，元の情報に疑問を覚える人がいても，周囲からの反発や評判をおそれて指摘できなくなるために，騒動が広がりやすいとも考えられている。

近年ではSNSの普及により，利用可能性カスケードはより生じやすい状況になっているといえる。たとえば，大勢の人が「いいね」や「リポスト」をしている投稿を見ると，自分もつられて「いいね」ボタンを押したりするかもしれない。実はそうした行動が利用可能性カスケードを生む可能性がある。

※：Kuran & Sunstein, Stanf. Law Rev., 1999, 51, 683-768

墜落したTWA800便の機体

写真はニューヨーク州カルバートンの格納庫で撮影された，実際に墜落した機体（TWA800便ボーイング747型機）の復元部分である。

COLUMN

Availability cascade

利用可能性カスケード

選ばれない選択肢をあえて入れることで他の選択肢の魅力が高まる

あなたは今，スマホを買いにきているとする。店内には性能や価格のことなる多くのスマホが並んでいる。どれにしようか迷っていると，店員が2種類のスマホ（AとB）を持ってきた。Aのスマホは「性能はよいが価格が高い」，Bのスマホは「性能はAにおとるが価格はAより安い」という特徴がある。さて，あなたはどちらを購入したいだろうか。性能を優先するならAのスマホ，価格を優先するならBのスマホとなるが，性能と価格のどちらもゆずれないという人もいるだろう。

悩んでいるあなたを見て，店員はさらに別のスマホ（C）を持ってきた。Cは「性能がAとBの間で，価格はAより高い」というものだ。するとどうだろうか。3種類の中で性能が最もおとっていて，価格しか取り柄がないBのスマホの魅力は低くなる。その一方，性能と価格の両面でCよりもすぐれているAのスマホの魅力は高まり，選ばれやすくなる。

このように，二つの選択肢のいずれかに対して引けをとる三つ目の選択肢（上の例ではCのスマホ）を提示することで，一方の選択肢が選ばれやすくなることを「おとり効果」という。Cのスマホは，Bを選ばせずにAを選ばせるための「おとり」の役割をはたしているのだ。おとり効果は，アメリカのデューク大学で学生を対象に行われた実験でも実証されている（右ページ上のコラム）。

真ん中のランクが選ばれやすい

寿司屋などでは「松・竹・梅」と書かれたランクをよく見かけることがある。一般に「松」がいちばん上で「梅」がいちばん下，「竹」はその間のランクとされている。このような場合，価格がいちばん高い「松」がおとりとなり，「梅」よりも質がよさそうな「竹」が選ばれやすい傾向がある。これもおとり効果の一例といえる。

コラム COLUMN　おとり効果に関する実験

アメリカのデューク大学が行ったおとり効果の検証実験では，六つのカテゴリー（車，レストラン，ビール，宝くじ，映画，テレビ）ごとに，複数の選択肢を参加者に提示し，その中から一つ選択してもらった。その結果，おとりが選択肢に含まれている場合，おとりによって引き立てられる特徴をもっている選択肢（ターゲット）は，別のすぐれた特徴をもつ選択肢（競合）よりも選ばれやすいことが示された。

出典：Huber et al., J. Consum. Res., 1982, 9, 90-98

どの車がいちばん魅力的？

店頭で商品の説明を聞くことはよくある。店側は，特定の商品を選ばせるために，「おとり効果」をうまく使っているかもしれない。

SECTION 38

Scarcity bias

希少性バイアス

レアものや限定品が魅力的に感じる

あなたは，ケーキ屋さんにいるとする。おいしそうなケーキが2種類あり，片方はたくさん残っているが，もう片方は残りわずかだ。さて，あなたはどちらを買いたくなるだろうか？

このような場合，人は少ないほうのケーキにより価値があると感じ，それを選ぶ傾向があるようだ。希少性が高いものに対して価値を高く見積もることを「希少性バイアス」という。

希少性バイアスが生じる理由はいくつか考えられる。一つは，「希少である（数が少ない）ということは，そのものがすぐれていることの根拠になる」と考えられるからだ。ケーキの例でいえば，「ケーキの数が少ないのは，多くの人が手に入れようとするほどおいしいからだ」という推測がはたらく。

ほかにも，「心理的リアクタンス」が影響していることもある。これは，自分の行動や選択の自由が制限されたと感じたときに，失われた自由を回復しようとして，制限された行動をあえて行おうとする傾向のことである。ケーキの例なら，数が少ないケーキは「食べたくても食べられない」という状況を想像させる。すると，そのケーキを食べる自由がうばわれたように感じ，買いたくなるというわけだ。

限定品が欲しくなるのも，それが希少であることに加えて，「今ここでしか」といわれることで，手に入れる自由をうばわれたと感じることが影響していると考えられている。

「少ないもの」がほしくなる

数が少ないものや限定品などがほしくなるという気持ちには，「希少性バイアス」が関係しているようだ。ものの価値を判断する際にも，そのもの自体の本質的な特徴だけではなく，心理的リアクタンスを感じることや，まわりの人の行動などが影響していると考えられる。

SECTION 39

選択肢が多いとかえって選べなくなる

Choice overload

選択肢過多効果

買い物をしているとき, 商品の種類が多すぎて決断できず, 何も買わずに帰ってきたという経験はないだろうか。このように, 選択肢が多すぎるせいで, 逆に選択できなくなってしまう現象を「選択肢過多効果」という。品ぞろえがよいほうが欲しい商品が見つかる可能性は高くなるように思えるが, 品ぞろえがよすぎると, かえって客はどれを買うべきか決断できなくなり, 購買意欲が下がってしまうことがあるのだ。

選択肢過多効果を検証した実験を紹介しよう。あるスーパーマーケットで, 6種類のジャムをそろえた試食ブースと, 24種類のジャムをそろえた試食ブースを, 同じ曜日の同じ時間に1週間交代で設置するという実験を行った※1。すると, 24種類の場合は通りかかった客（242人）の約60%（145人）が立ち止まったのに対し, 6種類の場合は, 通りかかった客（260人）のうち, 立ち止まったのは約40%（104人）だった。このように, 品ぞろえが多いほうが客の興味を引いたが, 立ち止まった客の中で実際にジャムを購入した人の割合は6種類の場合は約30%（31人）だったのに対し, 24種類の場合はわずか3%（4人）だった。

選択肢が多すぎると選べなくなるのは, 選ぶのに時間と労力がかかり, ストレスになるからだと考えられる。また, 選んだあとの満足度が低くなることも実験で確認されている。選択肢が多い場合,「ほかの選択肢のほうがよかったかもしれない」と想像する余地が生まれ, その結果, 満足度が下がる可能性がある。また購入時に, 購入後の後悔が予想されることも, 購買意欲を下げる要因の一つだと考えられる。

ところで, 選択肢過多効果は, 商品を選ぶ時間が限られている場合や, 自分の好みが明確ではない場合に顕著になることがわかっている※2。最適な商品を選ぶのに時間が足りなかったり, どれを選べばよいのか悩んだりするためだろう。逆に考えれば, 時間がたっぷりあり, 好みが明確な場合には, 選択肢が多いことは必ずしも悪いことではないだろう。

※1：Iyengar & Lepper, J. Pers. Soc. Psychol., 2000, 79, 995-1006

※2：Chernev et al., J. Consum. Psychol., 2015, 25, 333-358

品ぞろえがよすぎると選びづらくなる

スーパーなどで似たような商品がたくさん並んでいると，迷ってしまい，買う気が失せてしまうことがある。

SECTION 40

Mental accounting

メンタル・アカウンティング

「心の中の家計簿」で損得勘定している

宝くじが当たったり，ギャンブルでもうけたりすると，その賞金は，はたらいて手に入れたお金よりも散財しがちだ。このように，お金の出どころや使い道によって，出費へのハードルがことなることがある。これは心の中にある家計簿に費目を設定し，その枠組みの中で損得勘定をしているからで，これを「メンタル・アカウンティング（心理会計）」という。

ダニエル・カーネマン（1934 ～ 2024）とエイモス・トベルスキー（1937 ～ 1996）は，この現象について次のような実験を行った※。参加者約200名に二つの状況（パターン1とパターン2）のいずれかを提示し，その状況のもとで，観劇のチケット代として10ドルを支払うかどうかをたずねる。

パターン1は，事前にチケットを10ドルで購入していたけれど途中でそのチケットを落としてしまった場合，パターン2は，チケットを購入しようとしたら途中で現金10ドルを落としたことに気づいた場合である。どちらのパターンも，劇を見るとしたらさらに10ドルが必要で，合計20ドルを支出することになる。

実験の結果，パターン1でチケットを買いなおすと答えた人は46%だったのに対し，パターン2では88%にものぼった。これは，チケット代の10ドルが，「心の家計簿」で娯楽費に設定されているためだと考えられる。

つまり，チケットを買いなおしたパターン1の場合，20ドルを娯楽費から支出することになり，娯楽費の出費が大きくなる。一方，現金を落としたパターン2の場合，落としたお金はまだどこの費目にも割り当てられておらず，チケットを買っても，娯楽費からの支出は10ドルだけになる。そのため，チケットを買うことへの抵抗感が小さいのではないかと考えられている。

※：Kahneman & Tversky, Am. Psychol., 1984, 39, 341–350

“あぶく銭”は生活費とは別

メンタル・アカウンティングは，心の中で設定された家計簿の費目にもとづく損得勘定だ。ギャンブルなどで得た“あぶく銭”がむだに消費されがちなのは，生活費とは別の費目として収支の計算がなされるためだと解釈できる。

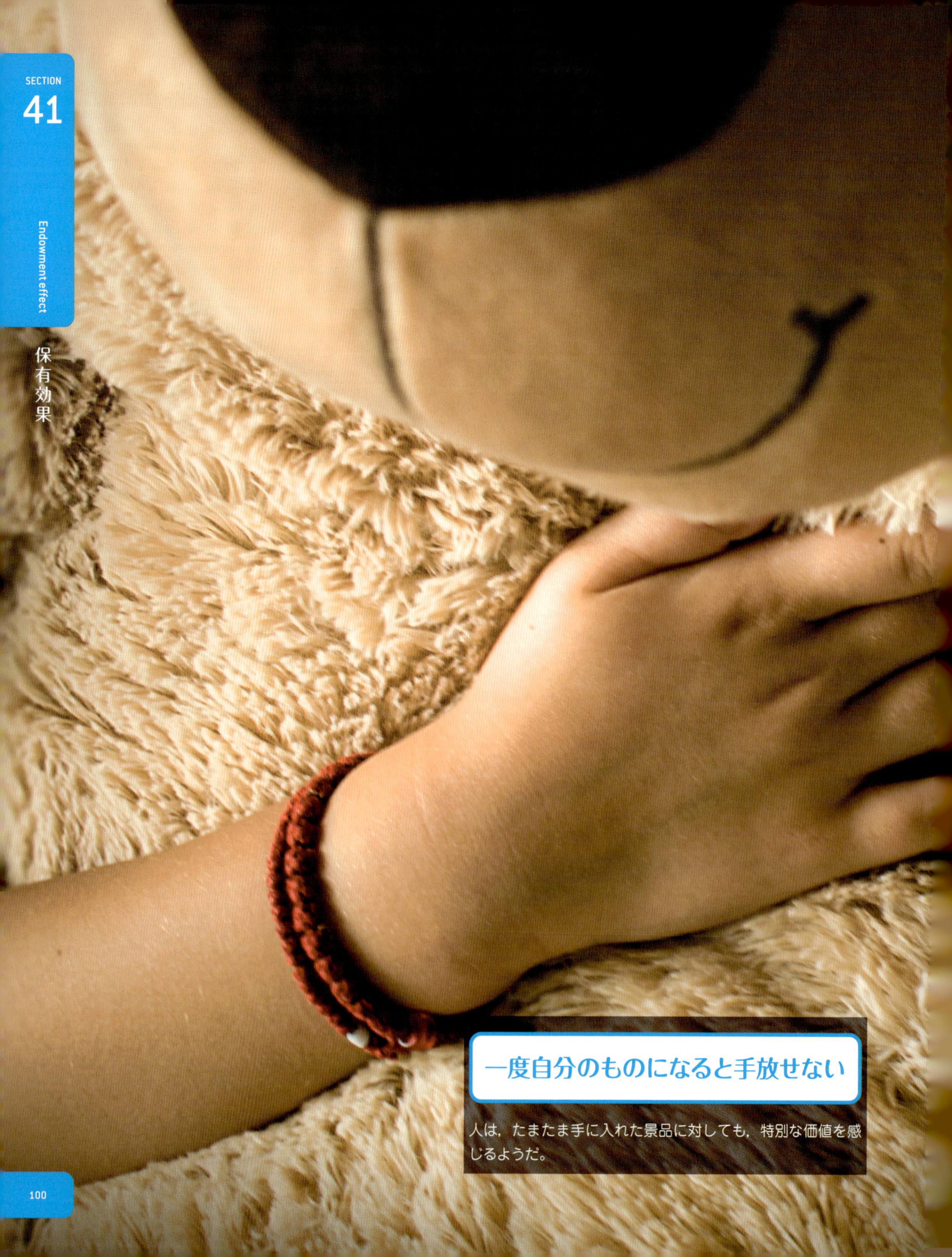

一度自分のものになると手放せない

人は，たまたま手に入れた景品に対しても，特別な価値を感じるようだ。

もっているものは特別 そう簡単に人には ゆずれない

たまたま手に入れた，景品の大きなぬいぐるみ。部屋に無造作に置いていたら，遊びにきた友人に「ゆずってくれない?」といわれた。そんな時，あなたならどうするだろうか――。いざ手放すとなると「安くはゆずりたくないな」と思う人もいるだろう。このように，自分の所有物には，価値があると考える現象のことを「保有効果」という。

保有効果を検証した有名な実験を紹介しよう。ダニエル・カーネマン（1934～2024）とカナダの経済学者ジャック・クネッチ（1933～2022），それにアメリカの行動経済学者リチャード・セイラーの3名が1990年に発表した「マグカップ実験」である[※1]。大学の紋章が入ったマグカップを半数の参加者に贈呈し，その後，「いくらならそれを売りたいか」とたずねる。一方，マグカップをもらっていないもう半数の参加者には「いくらならそれを買いたいか」とたずねる。実験の結果，興味深いことがわかった。マグカップの売り手は，買い手が提示した金額の2倍以上の値段をつけたのである。また，売り手と買い手の間で成立した取引の件数は，予想をはるかに下まわるものだった。

簡単には交換に応じない

保有効果を検証した実験をもう一つ紹介しよう。1989年に報告されたクネッチの実験だ[※2]。ある参加者のグループにはマグカップが配られ，短いアンケートに答えてもらう。そしてアンケート終了後に「マグカップと引きかえにチョコレートバーを受け取ることができる」と告げられる。一方，別の参加者のグループにはチョコレートバーが配られ，同様にアンケートに答えてもらう。そしてアンケート終了後には「チョコレートバーと引きかえにマグカップを受け取ることができる」と告げられる。

はたしてどれくらいの人がこれらの交換条件を受け入れただろうか。実験の結果，品物の交換を希望した人はいずれのグループでもわずか1割ほどだった。ちなみに，マグカップとチョコレートバーのどちらか好きなほうを受け取ることができると告げられた参加者では，それぞれを選んだ参加者はおよそ半々だった。

なぜ自分の所有物をなかなか手放せないのだろうか。人は一度所有したものを失うことに敏感で，損失にともなう心理的痛みをさけたいと思うことが関係していると考えられている。

※1：Kahneman et al., J. Political Econ., 1990, 98, 1325-1348
※2：Knetsch, Am. Econ. Rev., 1989, 79, 1277-1284

SECTION
42

手間をかけたものには価値がある？

IKEA effect

イケア効果

自分で組み立てるとよく見える

苦労して組み立てたものには，既製品以上の価値を感じるようになる。

既製品とくらべると，自分でつくったものには格別の価値を感じることが報告されている。素晴らしいものだと思うだけでなく，金銭的にも高い価格をつける傾向があるという。

このような現象は「イケア効果」とよばれている。イケアはスウェーデン発祥の家具量販店だが，世界中に出店しており，日本でもおなじみだ。イケアの家具の多くは，購入者みずからが組み立てる必要がある。そこで，手間ひまをかけて自分でつくったものに大きな価値を見いだすことを「イケア効果」という。

こんな例がある。あるメーカーでは，水を入れて焼くだけの簡単なホットケーキミックスを開発したが，あまり売れなかった。ところが，自分で卵や牛乳を入れる「ひと手間」を工程に加えたところ，売れ行きが改善した。これも，イケア効果によるものだといえるだろう。

SECTION 43

Unit bias

単位バイアス

多くても少なくても「1人前」が適量だととらえてしまう

この定食，ほかの店よりも量が多いんだよな。もう満腹だけど，残すのも悪いしがんばって食べよう——。私たちは「1人前」の量が示されると，残さず全部食べなければいけないと思う傾向がある。それと同時に，「1人前」以上の量を食べるのは食べすぎだと考えがちだ。このように，1単位としてまとめられていると，それが「適切な分量」であると考えることを「単位バイアス」という。

ペンシルバニア大学の研究チームは，単位バイアスを検証した実験を報告している※1。ある高級マンションのフロントにマーブルチョコの入ったボウルと，それをすくうスコップが置かれ，居住者はスコップを使ってそれを自由にとることができるようにした。また，スコップは小さいもの（大さじスプーン1杯分）と大きいもの（大さじスプーン4杯分＝4分の1カップ分）の2種類があり，ボウルにそえるスコップの大きさは一日ごとに交換された。

マーブルチョコの消費量を10日間にわたって調べたところ，大きいスコップが用意されていた日のほうが，1日あたりの消費量が多かった（右ページのグラフ）。研究チームは，場所や食べ物の種類を変えて同様の実験を行ったが，いずれの場合も「大きいスコップの日（1単位の分量が多い日）のほうが1日あたりの消費量が多い」という傾向が見られた。

1単位を小さくすれば食べる量を減らせる

上記の結果は，逆に考えれば，「1単位の分量が少ない日のほうが1日あたりの消費量が少ない」ことも示している。つまり，ダイエットなどで1日の食事量（カロリー）をおさえたい場合には，1単位の分量を減らすことが効果的だといえる。実際，大学生を対象としたある実験では，間食で摂取するグミキャンディーの大きさを半分にすることで摂取量（グラム）が半減し，摂取カロリーも約半分になったことが報告されている※2。

※1：Geier et al., Psychol. Sci., 2006, 17, 521-525
※2：Marchiori et al., J. Am. Diet. Assoc., 2011, 111, 727-731

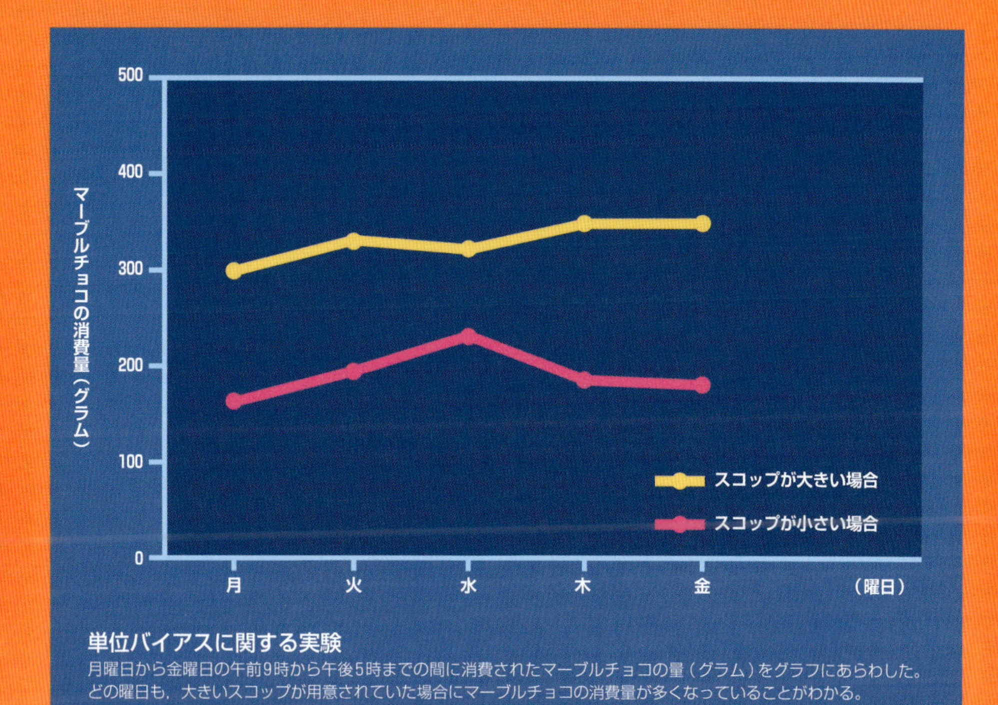

単位バイアスに関する実験
月曜日から金曜日の午前9時から午後5時までの間に消費されたマーブルチョコの量（グラム）をグラフにあらわした。どの曜日も，大きいスコップが用意されていた場合にマーブルチョコの消費量が多くなっていることがわかる。

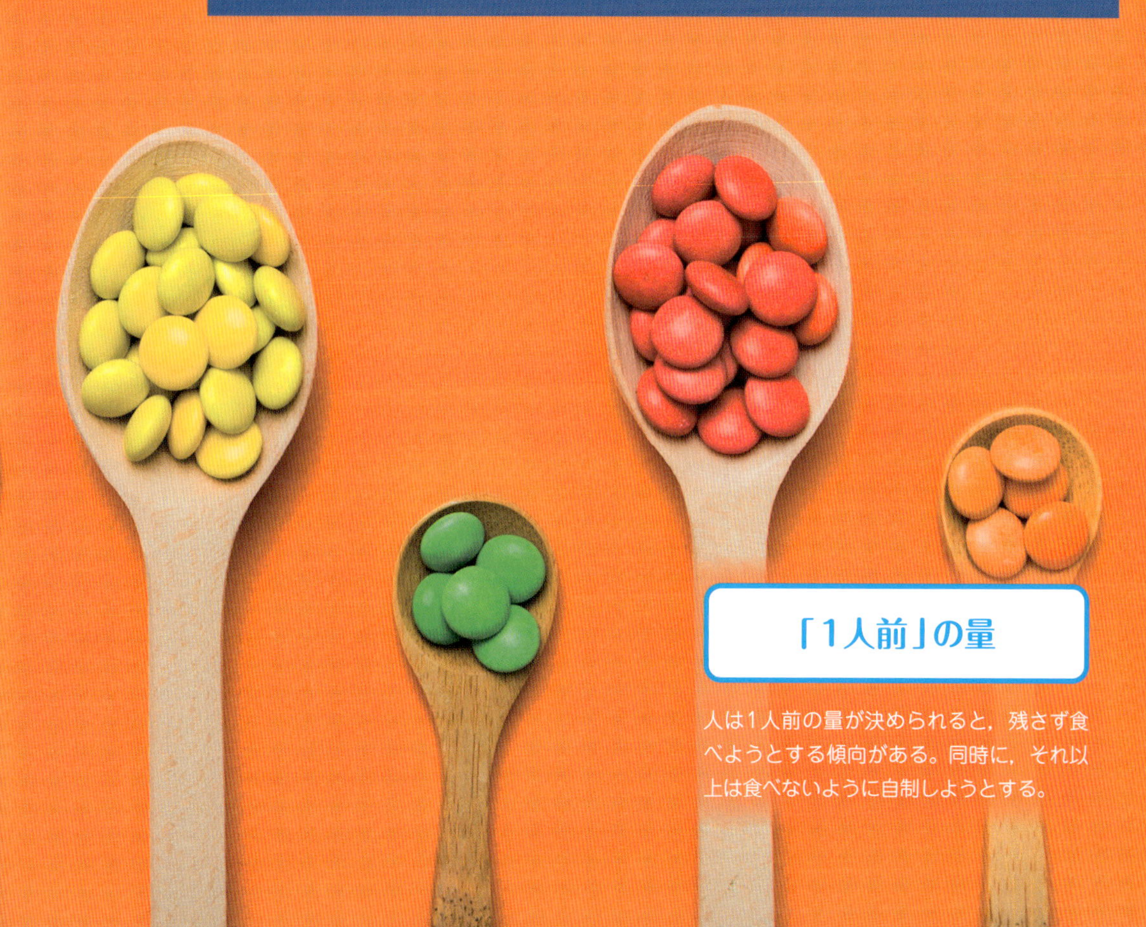

「1人前」の量

人は1人前の量が決められると，残さず食べようとする傾向がある。同時に，それ以上は食べないように自制しようとする。

確率のわからないものは選ばない

当たると賞金がもらえる，くじ引きの箱が二つあるとする。Aの箱には赤玉と白玉が50個ずつ入っている。Bの箱には赤玉と白玉が合わせて100個入っているが，その割合はわからない。赤玉を引いたら1万円の賞金がもらえるが，白玉を引いたら何ももらえない。あなたなら，どちらの箱を選ぶだろうか。

これまでの研究によれば，ほとんどの人がAの箱を選ぶようだ[※1]。Aの箱の場合，当たり（赤玉）を引く確率は50%である。一方，Bの箱の場合は，赤玉を引く確率はわからない。80%かもしれないし，20%かもしれない。しかし，おこりうるすべての確率を考えて平均をとると，当たり（赤玉）を引く確率は50%になる。つまり，AとBどちらの箱を選んでも期待値（当選金額の平均値）は同じである。にもかかわらず，多くの人は当たりを引く確率があいまいに感じられるBの箱は選ばない。人には，確率がさだかではない事象の選択を避けようとする傾向，いいかえれば，できるだけ確実なほうを選択しようとする傾向がある。これを「曖昧さ回避」または「不確実性回避」という。

しかし，あらかじめ確率が明示されているときでも，特定の選択を回避することがある。それは，失敗など損失が生じる可能性がある場合である。これは「損失回避」とよばれている[※2]。

※1：Ellsberg, Q. J. Econ., 1961, 75, 643-669
※2：Epstein, Rev. Econ. Stud., 1999, 66, 579-608

消費者の意思決定

消費者の意思決定については，長きにわたり経済学の分野で議論されてきた。代表的な意思決定の理論である「期待効用理論」では，決定主体である人間は，個々の選択肢から得られるであろう効用を計算し，それが最大化される選択肢を選ぶとする。効用とは，簡単にいえば，人が製品やサービスを消費することによって得られる満足の度合いである。人は効用を最大化するために，つねに合理的な意思決定をすると想定されている。

しかし私たちが日常生活のなかで行う意思決定には，本書に紹介したようなさまざまなバイアスがある。そのため，伝統的な経済学から見れば現実の意思決定は不合理だが，心理学の観点から見れば一定の合理性があり，「プロスペクト理論」（78ページ）などによって説明が可能である。こうしたことから，心理学の知見を経済学に取り入れた行動経済学という学問が発展している。

曖昧さ回避と損失回避のちがい

78～79ページで紹介した実験では，1万円をもらったあとに50%の確率で1万円をもらえるかもしれない（B）よりも，5000円を確実にもらえる（A）のほうを選ぶ人が多かった。これは，1円ももらえないリスクを避けようとした（損失回避）ためだと考えられる。

一方，確率はわからないが1万円をもらえるかもしれない（C）とくらべると，1万円もらえる確率が定かである（B）のほうが選ばれやすい。この場合，確率があいまいな事象の選択を避けようとした（曖昧さ回避）と考えられる。

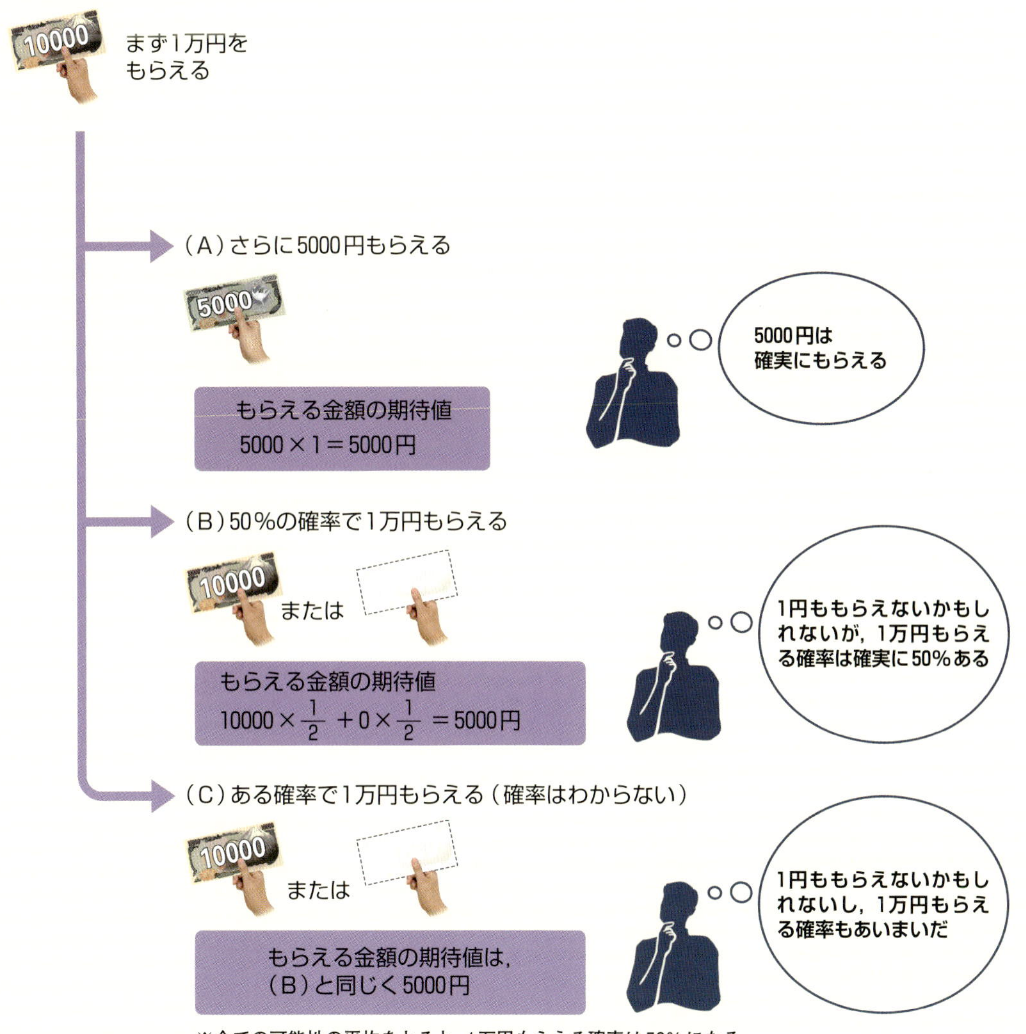

※全ての可能性の平均をとると，1万円もらえる確率は50％になる

SECTION 45

Identifiable victim effect

身元のわかる犠牲者効果

身元がわかると助けたくなる

難病で苦しんでいる人を助けるために寄付をつのるとする。このとき，苦しんでいる人の情報が何も示されないと，積極的に寄付しようという気持ちにはならないかもしれない。また，「この難病で苦しんでいる人が世界で100万人います」といった統計的な数値が示されても気持ちは変わらないだろう。

ところが，実際に難病で苦しんでいる人の顔を写真で見せたり，名前などの個人情報を伝えたりすると，寄付をする人がふえることがわかっている。このように，誰だかわからない人の危機よりも，身元がわかっている人の危機に対して，人は反応する傾向がある。これを「身元のわかる犠牲者効果」という。

判断が変わる理由として，顔や名前などの個人情報が明らかになると，感情が揺さぶられたり，自分が行った援助の効果をはっきりと認識できたりすることなどがかかわっていると考えられる。

身元のわかる犠牲者効果に関する実験

実験参加者は，あるチャリティー団体からの寄付の依頼状を受け取る。その依頼状には，「アフリカのマラウイでは推定300万人以上の子どもが飢餓状態にある」といった犠牲者が個別には特定されない情報が載っている場合と，「アフリカのマリに住む7歳のロキアという女の子が飢餓の危機にある」といった情報が写真とともに載っている場合とがあった。実験の結果，後者の「身元のわかる犠牲者」の情報を受け取った参加者のほうがより多くの寄付をした。

出典：Small et al., Organ. Behav. Hum. Decis. Process., 2007, 102, 143-153

身元のわかる犠牲者効果

善い行いのあとは悪い行いをしやすくなる

人は善い行いをしたあとは，善い行いをしにくくなったり，悪い行いをしやすくなったりする傾向がある。これは，「もう十分な善行を積んだので，それほど頑張らなくても大丈夫」という許可証（ライセンス）をもらったような気持ちになるからである。この現象を「モラル・ライセンシング」という。

モラル・ライセンシングを検証した実験を，一部簡略化して説明しよう。まず，参加者を三つのグループに分け，第1グループには「他者を助けた経験」を，第2グループには「他者を自分のために利用した経験」を，第3グループには，とくに何もしていない普段の経験として「典型的な火曜日の経験」を，それぞれ思いだしてもらった。そのあとで，すべてのグループの参加者に，今後1か月間で慈善事業への寄付やボランティア活動をする可能性についてたずねた[※1]。

すると，普段の経験を思いだした第3グループにくらべ，善い行いの経験を思いだした第1グループの参加者は，今後1か月間に善い行いをする意図が低かった。逆に，悪い行いの経験を思いだした第2グループの参加者は，善い行いをしようとする意図が高かった。善い行いのあとは悪い行いをしやすくなり，悪い行いをしたあとは善い行いをしやすくなるということである。この現象を説明する理論の一つが，「自己完全性理論」である。多くの人は自分が道徳的な人間であると信じている。そのため，悪い行いをすると，「自分は道徳的な人間である」という自己イメージがゆらいでしまう。その場合，善い行いをすることで，自己イメージを取り戻すのである。

一方，善い行いをして道徳的な自己イメージが保たれているときは，善い行いをしようとさらに努力する気持ちが弱まる。人は，道徳的でありたいと願う一方で，努力や社会の要求から解放されたいという欲求ももっているからである。

消費活動における モラル・ライセンシング

モラル・ライセンシングは，消費行動の場面でも見られる。ある実験では，社会奉仕活動などの善い行いを想像したあとで商品を選択させると，日常生活に必要のないぜいたく品が選ばれやすくなることが報告されている[※2]。善い行いをしたあとは，道徳的な自己イメージが保たれるため，少しくらいぜいたくをしても問題ないと思うようになるのだと考えられる。

※1：Jordan et al., Pers. Soc. Psychol. Bull., 2011, 37, 701-713
※2：Khan & Dhar, J. Mark. Res., 2006, 43, 259-266

コラム COLUMN 社会奉仕をしたあとは，ぜいたく品を買いたくなる

実験は108人の大学生を対象に行われた※2。参加者は最初に二つのグループに分けられた。第1グループには，一つ目の課題として，1週間に3時間の社会奉仕活動に参加することを想像させ，「ホームレス施設での子供の教育」と「環境保全」という二つの社会奉仕活動のうち，どちらか一方を選ばせる。その後，二つ目の課題として，ショッピングモールに買い物に行くことを想像させ，「デザイナーズ・ジーンズ」と「掃除機」のうち，いずれか一つを選ばせる。

第2グループは，二つ目の買い物の課題のみを行う。なお，デザイナーズ・ジーンズも掃除機も同じ価格（50ドル）で，どちらも以前から買うことを決めていたが，今は一つしか買えないという状況を設定した。また，事前に行った実験で，デザイナーズ・ジーンズは掃除機よりもぜいたくな買い物だとみなされることを確認している。

この実験の結果，社会奉仕活動に参加することを想像させた第1グループの中で，ぜいたく品を選ぶ人の割合は57.4％であり，想像させなかった第2グループの中での割合は27.7％だった。このように，あらかじめ自分が善い行いをすることを想像させた場合のほうが，ぜいたく品を選択する人の割合が多かったのだ。

COLUMN

安全になった分 危険をおかそうとする

人は自分の周囲のリスクが低下したと感じると，その分だけリスクの高い行動をとることがある。これを「リスク補償」という。

たとえば，見通しが悪く交通事故が多発していた道路が整備されると，事故は減るはずだが，必ずしもそうはならない。道路の整備によってリスクが軽減すると，それを補償するかのように，ドライバーが以前よりも危険な運転をし，事故がおきやすくなるからである。

このようなリスク補償行動を説明するものの一つに，カナダの交通心理学者ジェラルド・ワイルドが提唱した「リスクホメオスタシス理論」がある※1。ホメオスタシスとは生理学の概念で，生体内外の環境が変わっても，体温などが一定の範囲内に保たれるしくみのことをいう。ワイルドはリスクにも同じようなしくみがあり，許容される範囲よりもリスクが低くなると，危険を冒すことによって，リスクを一定水準に保つのだと考えた。

リスク補償行動は，慣れや訓練によって，リスクをコントロールする力が身についたと感じられるときにも生じる。たとえば，運転免許を取ったばかりのころは安全運転を心がけるが，運転に慣れてくると，制限速度以上のスピードを出したり，無理な追い越しをしたりするのがこれにあたる。

安全対策にリスク補償行動はつきもの

安全対策にリスク補償行動はつきものであり，リスクが低減したと感じられると，以前よりも安全に配慮した運転が行われなくなる可能性が指摘されている。それを示した実験の一つを紹介しよう※2。

この実験では，普通自動車免許を保有する参加者に，交差点の通過をシミュレートしたコンピュータ上の課題を実施した。参加者に課せられたのは，信号のない交差点を，左右を横切る自動車にぶつかることなく通過することだった。その際，実験条件によって，左右を横切る車両についての情報が提供された。具体的には，情報が提供される条件では，交差点に接近する車両があることが，目視では確認できない段階からランプの点灯によって知らされた。一方，このような情報が提供されない条件もあった。

実験の結果，接近車両に関する情報が提供される条件では，情報が提供されない条件にくらべて，交差点の通過前に，自らが目視で左右の車両を確認する回数が減少した。つまり，リスク補償行動が生じたといえる。また，接近車両の交差点までの距離に応じてランプの色をかえるなど，よりきめ細やかな情報を提供される条件も設けられたが，情報提供をまったくされない条件とくらべて，事故数（左右を横切る自動車との衝突数）が減少することはなかった。情報提供による安全対策は功を奏しなかったのである。

※1：ワイルド（著），交通事故はなぜなくならないか，2007，新曜社
※2：増田ほか，交通心理学研究，2008, 24, 1-10

喫煙とリスク補償行動

リスク補償は，自動車の運転以外の場面でもみられる。たとえば，タバコを低タールの製品にかえると以前よりも喫煙本数がふえることが知られているが，これもリスク補償行動の一例だといえる。

4
対人関係にまつわるバイアス

Biases of Interpersonal Relations

見た目よければすべてよし？

ハロー効果に関する実験

アメリカのコーネル大学の研究チームは，実験参加者にクッキーなどの食品を食べてもらった※。食品には「オーガニック」と表示されているものとされていないものがあるが，実際は同じものである。その後，研究チームが参加者に話を聞いたところ，オーガニックと表示された食品に「低カロリー」「低脂肪」「繊維が多い」という印象をいだく傾向があり，参加者はより高い金額を支払ってもよいと考えていた。

※：Lee et al., Food Qual. Prefer., 2013, 29, 33-39

かっこよくスーツを着こなしている人は，仕事もできそうなイメージがあるのではないだろうか？　このように，ある点ですぐれた特徴をもっていると，直接関係のない別の点まで高く評価してしまうことがある。これを「ハロー効果」という。ハロー（halo）とは「後光」や「光背」という意味の英語だ。絵画で，神仏や聖人の背後にえがかれる光のことである。

一方，何らかの劣った特徴があると別の点まで低く評価してしまうことを「ホーン効果」という。ホーン（horn）は，悪魔の頭に生えている角のことである。すなわち，よくも悪くも，目立った特徴が，そのほかの項目の評価にまで影響をあたえるのだ。

ハロー効果はさまざまな場面で生じる。また，人間だけでなく，商品などのものに対しても同様に生じることがわかっている。

ハロー効果とホーン効果の例

日常で遭遇しそうなハロー効果とホーン効果の例を下に示した。

清潔感のあるセールスマンは，誠実そうに見える（ハロー効果）。

服装や態度がだらしない人は，仕事もできないだろうと思われがちだ（ホーン効果）。

実際には，外見と仕事の能力に直接的な関係はないことがほとんどである。

ステレオタイプにあてはめて人を判断する

ステレオタイプに一致した特徴をよく覚えている

社会心理学者のクローディア・コーエンは，ステレオタイプが人の認知をゆがめることを示す，ある実験を行った※。実験参加者に，ある夫婦が誕生日を祝っている映像を見せたあと，映像に登場していた女性に関する記憶をテストした。その結果，映像を見せる前に「女性は図書館司書である」と伝えられていた参加者は「メガネ」「本棚」「飾られた絵画」などを思いだし，「女性はウェイトレスである」と伝えられていた参加者は「ハンバーガー」「ビール」「ギター」などを思いだした。つまり，事前に伝えられたそれぞれの職業のステレオタイプに一致した特徴をよく記憶していたということだ。

※：Cohen, J. Pers. Soc. Psychol., 1981, 40, 441-452

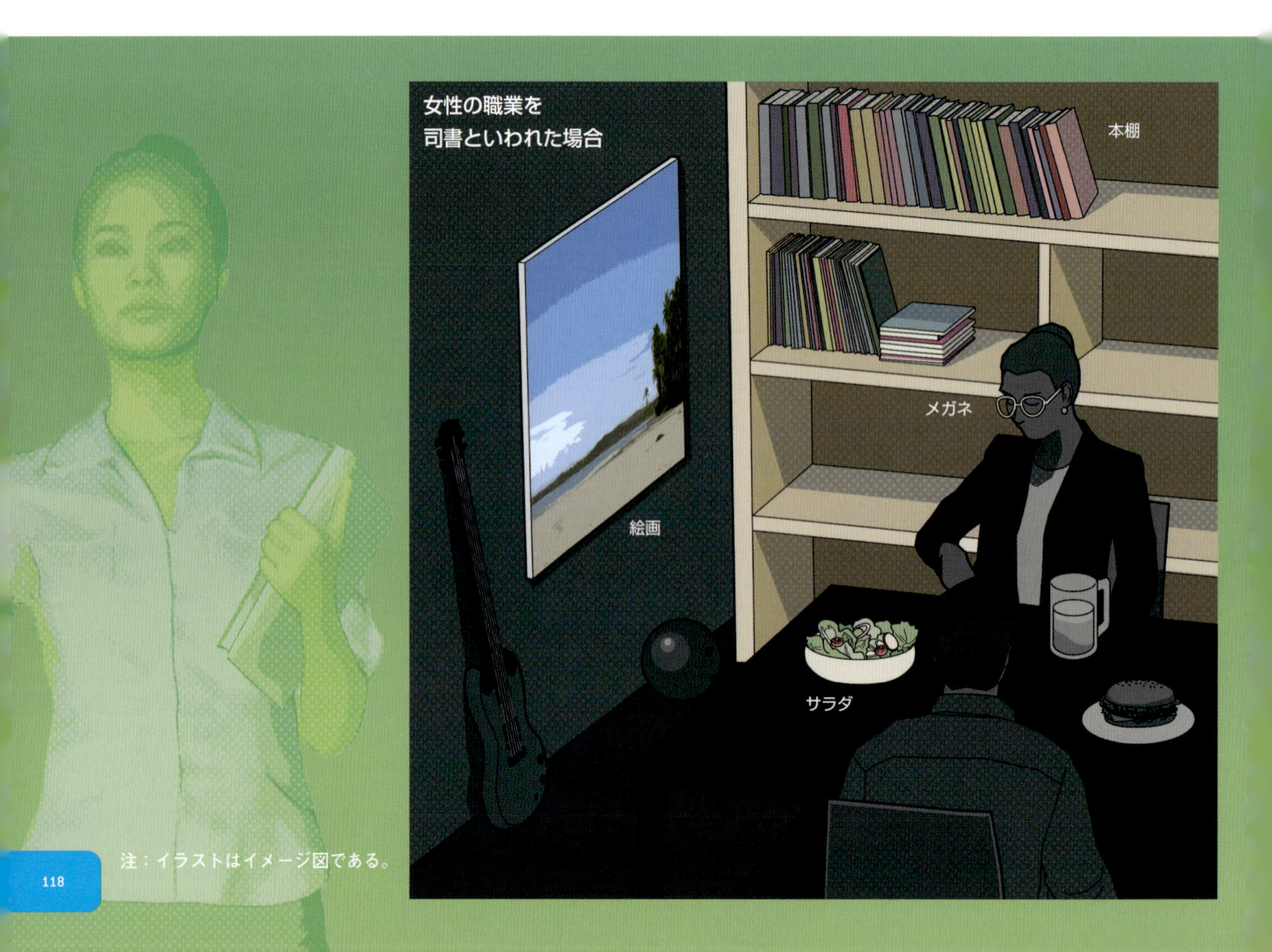

注：イラストはイメージ図である。

私たちは, 人や物を似ているものどうしで分類(カテゴリー化)することがある。分類には,「アメリカ人」や「20代」というように, 国や組織, 年齢などに応じた社会的カテゴリーが使われることが多い。

それぞれの社会的カテゴリーがもつ共通の特徴を単純化した固定観念を,「ステレオタイプ」という。たとえば, 日本人は勤勉でイタリア人は陽気というように, 私たちはある集団に属する人の特徴を, ステレオタイプにあてはめて大まかに判断する傾向がある。

他者の特徴をすばやく把握できるという点では, ステレオタイプは有用なこともある。しかし, 同じ社会的カテゴリーに属する人が, みな同じ特徴をもっているわけではなく, ステレオタイプにあてはまるとは限らない。また, ステレオタイプ自体が間違っていることもある。個人をステレオタイプにあてはめて判断することは, 偏見につながる。他者を正しく理解するためには, その人の特徴をステレオタイプだけで判断していないか疑ってみることも重要だろう。

SECTION 49

Pygmalion effect

ピグマリオン効果

期待をかけられると成果がでる

まわりの人に期待されたら，よい成績をとるようになったという経験はないだろうか？　1960年代半ばアメリカの心理学者ロバート・ローゼンタールらはある実験で，小学生を対象に知能指数を測定するテストを行った※。そしてその後，実際に測定された知能指数に関係なく，ランダムに生徒を選んで，「この生徒は今後，急速に知的能力がのびるだろう」と担任教師に伝えた。すると1年後，ランダムに選ばれた生徒の知能指数がほんとうに上がったのである。

この現象はピグマリオン効果とよばれ，教師が「知的能力がのびる」と期待した生徒のやる気を引きだすような行動を無意識のうちにとったために生じたと説明されている。

この研究の検証の方法や，結果の再現性などについては，さまざまな批判もある。しかし，人は期待されればそれにこたえようと努力し成績がのびるという考え方は，教育の場だけでなく，ビジネスの場にもなじむことから，この効果はよく取り上げられている。

ピグマリオン効果と似た現象に，「ホーソン効果」がある。ある通信機器メーカーのホーソン（地名）にあった工場では，生産性の向上に関係しそうな職場環境を人為的に設定し，生産性への効果を調べた。その結果，どのような環境を設定しても生産性が上がった。その後の研究で，従業員の意識変化によるものだったことが明らかになっている。

つまり，その工場で実験が行われたことで，自分たちが注目され，観察されていることを意識するようになり，従業員一人ひとりが努力するようになったのだ。また，生産性向上という目標達成のために仲間との連帯感が高まったことも，生産性が上がった理由の一つだと考えられている。

ピグマリオン効果と逆に，期待されていなかったり失敗するだろうと思われていたりすると，成績が下がったり失敗したりする現象も確認されている。これは「ゴーレム効果」とよばれている。

※：Rosenthal & Jacobson, Urban Rev., 1968, 3, 16-20

ピグマリオン王とガラテア

ギリシャ神話のピグマリオン王は，自身がつくった彫像の乙女ガラテアに恋をする。そして，ガラテアが人間になってほしいと願いつづけていると，やがて女神がその願いを聞き入れ，ピグマリオンは人間になったガラテアを妻にする。「ピグマリオン効果」の名前は，この神話が由来となっている。

SECTION 50

Above average effect

平均以上効果

私の能力は「人並み以上」だ!

今回のテストは少しむずかしかったけど，平均点よりは上だろう。物覚えは普通の人よりもよいほうだから，新しいバイトもすぐになれるだろう——。このように，自分の成績について考えるときに，「平均はこえているだろう」と思うことがある。ある能力や特性について自分は

AVERAGE LINE

平均以上効果の文化差

平均以上効果は，欧米ではさまざまな場面でみられることが確認されているが，日本ではそれほどはっきりした傾向はみられないようだ。日本では，謙遜をしたほうが，他者から好ましくみられるからかもしれない。

平均以上であると考える傾向を「平均以上効果」という。この効果には，自分自身を好ましいものと考えたり自尊心を高めようとしたりする，心の機能がかかわっていると考えられている。

日常のさまざまな場面で，平均以上効果はみられる。たとえば，車を運転する人のほとんどは平均的な運転手よりも運転がうまいと考える傾向があるという。また，「自分の業績はほかの平均的な同僚よりもすぐれている」と考えるビジネスマネージャーは9割にのぼる，「自分の患者の死亡率は平均よりも低い」と外科医の大半は考えている，といった報告もある※1。

なお，平均以上効果とは逆に，自分の能力や特性を過小評価する現象もある。これを「平均以下効果」という。アメリカのカーネル大学で行われた研究では，プログラミングやジャグリングといった難易度の高いスキルの場合，平均以下効果がおこりやすいことが示されている※2。

※1：Myers, Social psychology [10th ed.], 2010, McGraw-Hill
※2：Kruger, J. Pers. Soc. Psychol., 1999, 77, 221-232

実力不足だと自分の実力をより過大に評価する

前ページの「平均以上効果」で解説したように，人は自分の実力は平均より上であると過大評価しがちである。一方，こうした傾向はとくに実力不足の人に顕著に見られるという指摘がある。つまり，実力が不足している人は，自分の能力を過大に評価する傾向が強い。この現象は，心理学者のジャスティン・クルーガーとデイヴィッド・ダニングが最初に報告したことから，「ダニング・クルーガー効果」とよばれている。

ダニングとクルーガーが行った実験を紹介しよう※。この実験では，65人の大学生に30個のジョークを提示し，その面白さ（ユーモア）を採点させた。そのあとで，同じ大学の平均的な学生と比較して，自分のユーモアセンスはどの程度だと思うかを「0（一番下）～99（一番上）」の範囲で自己評価させた。これが参加者のユーモアセンスの主観的指標になる。

一方，参加者に示したものと同じ30個のジョークをプロのコメディアンに採点するように依頼し，プロの採点結果との類似度にもとづいて，各参加者のユーモアセンスを評価した。これが，参加者のユーモアセンスの客観的指標になる。

その結果，客観的指標において，ユーモアセンスが全体の25%以下と評価された参加者は，ほかの参加者と比較して，自分のユーモアセンスを主観的指標において著しく高く評価していることが示された（右ページのグラフ）。同様の結果は，論理的推論や文法の問題などを対象とした実験でも確認されている。

ダニング・クルーガー効果が生じる理由の一つと考えられるのが，メタ認知能力の不足である。メタ認知とは「高次の認知」という意味で，みずからの認知についての認知をさす用語だ。メタ認知ができると，自分の能力や欠点をみずから認識したり，自分と他者の能力を適切に比較したりすることが可能になる。つまりメタ認知能力は，自分の実力を客観的に評価するために必要な能力だと考えられる。

ただし，ダニング・クルーガー効果は，統計上のまやかしであり，実際にはそのような効果は存在しないとする見解もあり，現在でも議論がつづいている。

成績上位者は，他者の実力を過大評価する傾向がある

ダニングとクルーガーが行った実験では，成績が上位25%の参加者は，逆に自分の実力を過小評価する傾向があった（右ページのグラフ）。

これは，成績上位者は自分が課題をうまく解くことができたと感じたため，ほかの参加者も自分と同じように高得点をとれただろうと考えた可能性がある。つまり，成績上位者は自分の実力を過小評価していたというよりも他者の実力を過大評価していたといえる。実際，成績上位者にほかの参加者の課題の採点をさせたあとに自分の予測を見直させたところ，彼らは自分の成績の予測をより上位に修正したことが確認されている。

※：Kruger & Dunning, J. Pers. Soc. Psychol., 1999, 77, 1121-1134

ダニング・クルーガー効果に関する実験

大学生にジョークを提示し，その面白さを採点させる実験を行った。オレンジ色のグラフを見ると，実際の成績にかかわらず，自分の成績は平均より上（50～80パーセンタイル）だと予測していることがわかる。この傾向は成績下位者も同じであるため，成績が低いほど，自分を過大評価する度合いが高くなる。

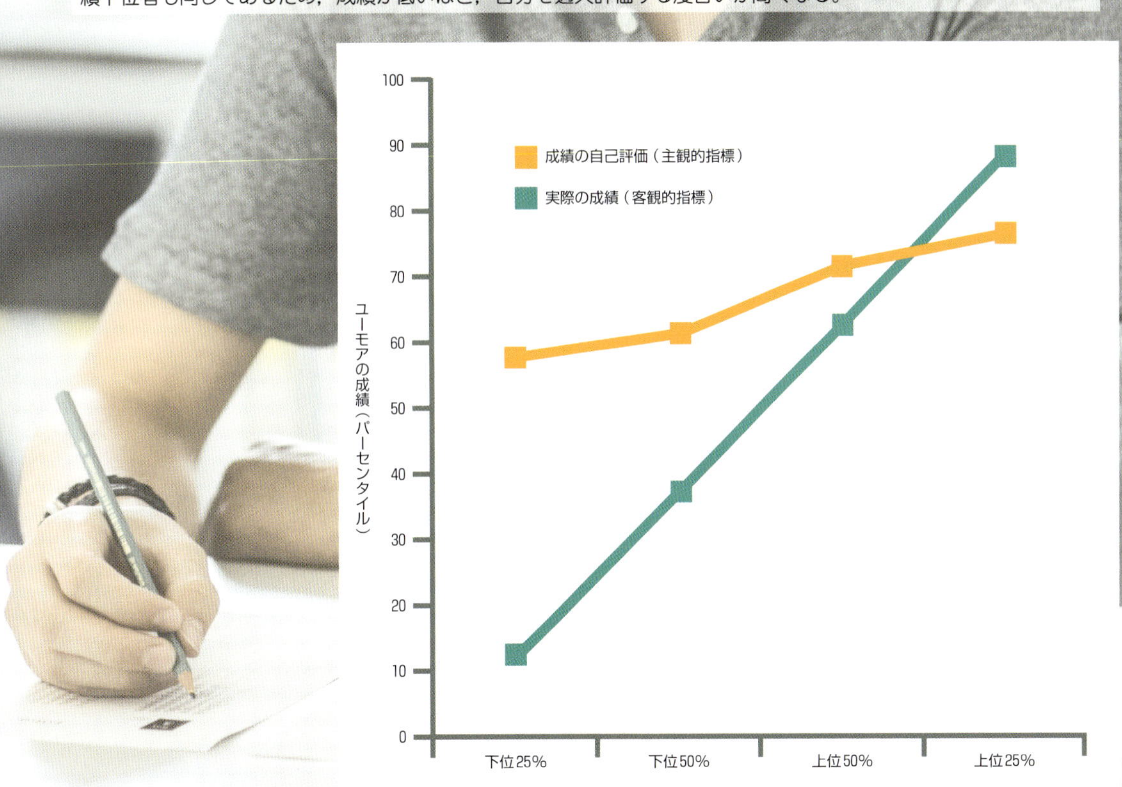

成功は自分のおかげ失敗はまわりのせい?

勉強や仕事において何かに成功したときは,自分の能力や努力のおかげだと思う。逆に失敗したときは,運や他人のせいにして,自分の能力や努力が不足しているからだとは思わない——。このように,成功の原因を自分の能力や努力などの内的要因に求め,失敗の原因を他者や環境などの外的要因に求めることを,「自己奉仕バイアス(セルフ・サービング・バイアス)」という。

自己奉仕バイアスが生じる理由については,いくつか仮説がある。たとえば,人は失敗よりも成功を期待して行動する。そのため,期待どおりの成功は「自分のおかげ」(内的要因),期待に反する失敗は「自分以外のせい」(外的要因)と考えるのだ※1。また,「成功の理由は自分にある」とすることで,他者に対して自分のポジティブなイメージを示そうとする自己呈示の戦術であるという仮説もある※2。

日本では自己卑下バイアスが見られることも

ただし,自己奉仕バイアスは欧米などで広く見られるものの,日本ではそれほど確認されない。

むしろ日本人は，成功の原因を他者や環境などの外的要因に求め，失敗の原因を自分の能力や努力などの内的要因に求めることも多いという。これは「自己卑下バイアス」とよばれることもある。

たとえば，日本人を対象にして行われた実験では，参加者にアナグラム課題（文字を並べかえて単語をつくる課題）を解かせたあと，偽りの成績を参加者に渡し，成功もしくは失敗の経験をさせた※3。そして，成功した（成績がよかった）参加者にも，失敗した（成績が悪かった）参加者にも，その原因を考えさせた。その結果，成功した参加者は，課題の容易さ，調子，運のおかげだと考える人が多く，自分の能力が高いからだと考える人は少なかった。一方，失敗した参加者は，努力不足のせいだと考える人が最も多かった。

自己卑下バイアスが生じる理由についても，いくつか仮説がある※4。一つは，調和を重んじる集団では，自己の価値を高く示そうとするよりも，謙遜するほうがほかのメンバーによい印象をあたえられるという仮説だ。

また日本では，自己奉仕バイアスのかわりに，集団奉仕バイアスが見られるという指摘もある。たとえば，サッカーや野球の試合で活躍した選手のインタビューで，自分が活躍できたのは「チームのみんなのおかげ」「ファンの声援があったから」というように，成功の原因を自分ではなく，所属する集団に求めることがよくある。これは，集団内でたがいの自尊心を高め合ったり，自分が所属している集団の価値を外部の集団に対して示したりすることで，間接的に自尊心を高めているのだと考えられる。

※1：Miller & Ross, Psychol. Bull., 1975, 82, 213-225
※2：Bradley, J. Pers. Soc. Psychol., 1978, 36, 56-71
※3：北山ほか，心理学評論，1995, 38, 247-280
※4：村本・山口，実験社会心理学研究，1997, 37, 65-75

「自分だけは大丈夫」と楽観的に考える

人は災害や病気，犯罪などの望ましくない出来事について，「自分だけは大丈夫」と考え，その危険性を過小評価する傾向がある。これを「楽観性バイアス」という。たとえば，人間ドック受診の推奨年齢は一般には35歳以上または40歳以上といわれており，実際に人間ドックによって病気を早期発見できた例は数多く知られている。このような事実があるにもかかわらず，人間ドックに行くべき年齢の人の多くが，「自分はまだ大丈夫なはずだ」と楽観的に考え，行くことを先のばしにしている。

楽観性バイアスを検証した実験では，参加者はアルツハイマー病やがん，強盗など，不幸な出来事が自分におこる確率を過小評価する一方で，仕事で成功をおさめるなどの幸せな出来事が自分におこる確率を過大評価することが明らかになっている※。

楽観性バイアスが維持されるメカニズムを示した実験に，以下のようなものがある※。まず，参加者に，自分ががんなどに罹患する確率を予想してもらう。そのあとに，がんに罹患する平均的な確率を教え，その情報を得たことで，当初の予想が変わるかを検討した。その結果，教えられた平均的な確率が，自分の予想より高かった場合（つまり，自分の予想が楽観的だった場合），予想は最初のものからほとんど変わらなか

った。

しかし，教えられた平均的な確率が，自分の予想より低かった場合（つまり，自分の予想が悲観的だった場合），予想は最初のものから大幅に変更され，平均的な確率に近づいた。このように，予想よりネガティブな情報を聞かされても，本人の楽観性は下がらないが，予想よりポジティブな情報を聞かされると，楽観的はより高まるという非対称性があるため，楽観性バイアスは維持されやすいと考えられている。

楽観主義にはよい面も，悪い面もある

楽観性バイアスは，私たちの生活や仕事によい結果をもたらすことも多い。たとえば，リスクをこまかく考えすぎると新しいことに挑戦できなくなるが，「なんとかなるさ」と物事を楽観的にとらえることで，前に進むことができる。また，楽観性バイアスは，この先，ポジティブな出来事がおこるだろうという期待を高め，その結果，ストレスや不安を軽減したり，健康的な食事や生活をつづける意欲を高めたりする。さらに，楽観的な人は，うつ病などの心身の病気にかかりにくいというデータもある※。

ただし，物事を過度に楽観視することには注意が必要だ。たとえば，推奨年齢になっても人間ドックを受診しなかったり，地震や津波などの災害がおきたときも，なかなか避難しなかったりするかもしれない。

危険を回避する行動が適切に取れないと，命を失うことにもなりかねない。「自分だけは大丈夫」という楽観的な見通しは，ほどほどにしておこう。

※：Sharot, Curr. Biol., 2011, 21, R941-R945

災害にかかわるもう一つのバイアス ——「正常性バイアス」

人が地震などの災害のリスクを過小評価しやすいもう一つの理由が，76～77ページで紹介した「正常性バイアス」だ。楽観性バイアスと混同されやすいが，ことなるバイアスである。楽観性バイアスは「周りの人にはおこるかもしれないが，自分だけは大丈夫」と考えるのに対し，正常性バイアスは「これくらいなら大丈夫」と，いつもどおりの行動をつづけようとする傾向をさす。

自分と意見が合わないと相手が間違っていると考える

ナイーブ・リアリズム

会議などで，自分とほかのメンバーの意見が食い違ったとする。このとき，あなたは自分が間違っていると思うだろうか。それとも，自分は正しくて，周りが間違っていると思うだろうか――。

他者と意見が対立したとき，いつも自分が正しいように感じられるのは，現実の認識のしかたについて人が素朴な信念をもっているためである。この信念を，「ナイーブ・リアリズム」という。ナイーブは「素朴」，リアリズムは「現実主義」という意味になる。

ナイーブ・リアリズムには，以下の三つの信念が含まれている※1。一つ目は自分と現実の関係に関するもので，「私は現実を，客観的にありのままの姿でとらえており，私の意見は，得られた情報を合理的かつ公平に検討した結果である」という信念である。

二つ目は，他者と現実の関係に関するもので，「私と同じくらい理性的な人が，同じ情報を合理的かつ公平に検討したならば，当然，私と同じ意見になるはずである」という信念である。つまり，自分は現実を客観的に見ているのだから，客観的な人なら自分と同じ現実を見ているはずだと，素朴に思う傾向があるということだ。

三つ目は，自分と他者の意見が食い違う理由に関する信念である。この信念があるため，意見が対立したときに，「私とは違う情報を見たのだろう」，「合理的に考える能力や，考える気がないのだろう」，「自分の主義主張や利益のために，ゆがんだ見方をしているのだろう」などと，一方的に他者を責める傾向が共通して生じる。

実際には，誰であっても，自分のフィルターを通して現実を見ている。しかし，ナイーブ・リアリズムのような素朴な信念の影響で，意見が

コラム COLUMN ナイーブ・リアリズムと異文化理解

人は「ナイーブ・リアリズム」のような認知バイアスをもっているために，自分の考え方が唯一の正解であるように思え，自分とはことなる文化で暮らす人の考え方を受け入れにくくなっている可能性がある。ある実験では，「ナイーブ・リアリズム」について学び，自分の考え方のクセを理解することで，異文化の受け入れが促進されるかどうかを検討している。この実験では，最初に，参加者は二つのグループに無作為に分けられた。そして，実験の第1段階として，一つのグループでは，ナイーブ・リアリズムの特徴を説明したテキストを読むように指示された。もう一つのグループでは，このような指示は行われなかった。その後，実験の第2段階として，両グループの参加者は，異文化からの移民についてのインタビュー記事を読み，最後に，異文化の習慣や価値観の受容に関するアンケート調査に回答した。

その結果，ナイーブ・リアリズムについて学んだ参加者の方が，学ばなかった参加者にくらべて，異文化に対して高い受容を示し，偏見の低減につながった。これは，自分の判断にも偏りがあることを知ることで，他者に対する判断が慎重になったためと考えられる。

出典：Lopez-Rodriguez et al., Pers. Soc. Psychol. Bull., 2021, 1-13

食い違ったときに，「相手の考え方が間違っているから，正さなければ」と一方的に考えやすくなる。これは，ときに深刻な対立を生む。

立場が変われば見方も変わる

ナイーブ・リアリズムの実例を一つ紹介しよう。1951年に行われたダートマス大学とプリンストン大学のフットボールの試合は，開始直後から審判の警告が飛びかい，けが人が続出するなど大荒れのゲームとなったことで知られている。後日，この試合を題材に次のような研究が行われた[※2]。両校の学生に試合の映像を見せ，試合の印象や試合中に生じたラフプレー（反則）のはげしさについて評価をさせた。すると，同じ試合の映像を見たにもかかわらず，両校の学生の評価は大きくことなっていた。学生は自分たちの大学のチームに都合がいいような見方で試合を解釈し，相手チームを非難していることがわかった。

また，ダートマス大学のある卒業生は偶然，プリンストン大学の学生に送られた映像を見る機会があった。それはダートマス大学の学生に送られた映像と同じだったが，「プリンストン大学に送られた映像は重要な部分が削除されている」と思いこんでいた。自分と他者で意見が食い違った場合に，「自分と相手は違う情報を見ている」，「相手に問題がある」と考えるのも，ナイーブ・リアリズムの特徴である。

※1：Ross & Ward, In Reed et al. (Ed.), Values and knowledge, 103-135, 1996, Lawrence Erlbaum Associates, Inc.
※2：Hastorf & Cantril, J. Abnorm. Soc. Psychol., 1954, 49, 129-134

SECTION 55

False consensus

フォールス・コンセンサス

他の人も，自分と同じように考えているだろう

スイカに塩をかけて食べていたら，友人にびっくりされた。社会人になったら一人暮らしをしたいと思っているが，実家にいつづけたいと思う人も多いと聞いておどろいた——。好みや願望は人それぞれだが，私たちは，自分がふだん考えていることや行っていることは，ほかの人も同じように考えたり行ったりしているだろうと思いこんでいることがある。これを「フォールス・コンセンサス」という[注]。

社会心理学者のリー・ロス（1942～2021）らは学生を対象に，フォールス・コンセンサスを検証する実験を行った[※1]。

この実験の中で，参加者は，「Repent（悔いあらためよ）」というメッセージが書かれた看板を身につけて30分間大学構内を歩き，それに対する人々の反応を観察してくれませんか，ともちかけられる。あなたが参加者なら，この依頼を受けるだろうか。それともことわるだろうか（なお，ここで示した依頼の内容は実際の実験よりも簡略化している）。

実験の結果，依頼を受けるかことわるかにかかわらず，参加者は自分と同じ選択をする人の割合を，自分とことなる選択をする人の割合より多く見積もる傾向があることがわかった。

支持政党が獲得する議席は多いだろう

フォールス・コンセンサスを検証した研究をもう一つ紹介しよう。オランダのフローニンゲン大学の研究チームが2011年に報告した実地調査だ[※2]。国政選挙で7大政党のいずれかに投票する予定の参加者が集められ，世論調査にもとづく議席数の予測が伝えられた。参加者はそのあと，2種類の見積もりを行った。一つは，今回の投票にもとづいて各政党の獲得議席数を見積もった。もう一つは、すべての有権者が投票したと仮定して獲得議席数を見積もった。

調査の結果，参加者は自分の支持政党が世論調査が示すよりも多くの議席を獲得すると見積もる傾向がみられた。この傾向は，すべての有権者が投票したという仮定にもとづく場合も，同様に確認された（右ページのグラフ）。また，支持政党へ投票しようと強く考えている参加者は，すべての有権者が投票したと仮定した場合に，獲得議席数をより多く見積もる傾向があった。

注：フォールスには「偽の」，コンセンサスには「合意」という意味があるため，フォールス・コンセンサスは偽の合意効果とよばれることもある。

※1：Ross et al., J. Exp. Soc. Psychol., 1977, 13, 279-301

※2：Koudenburg et al., Psychol. Sci., 2011, 22, 1506-1510

選挙にみられる フォールス・コンセンサス

人は世論調査にもとづく予測に関係なく，自分の支持政党がより多くの議席をとれると思いがちである。

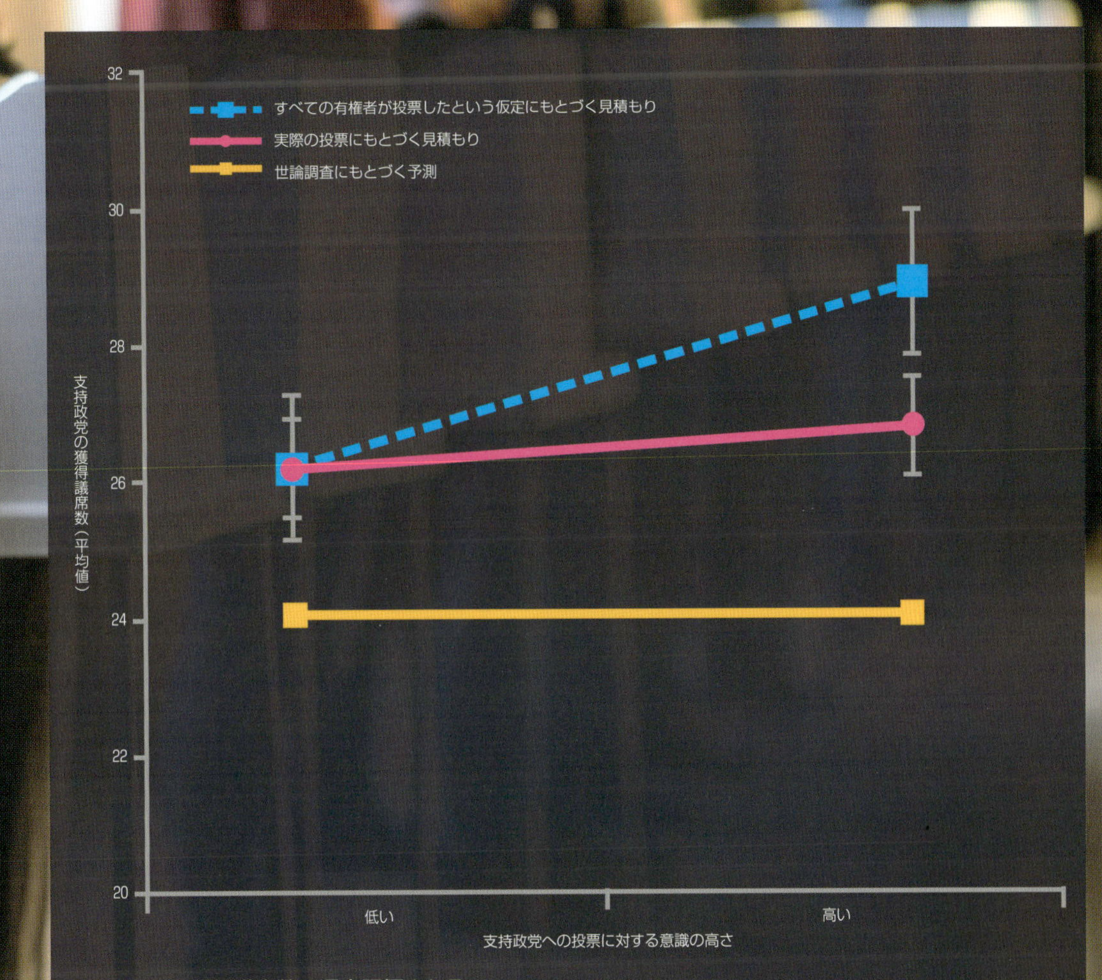

支持政党の獲得議席数は過大評価される

支持政党の獲得議席数についての参加者の2種類の見積もりと世論調査からの予測をグラフに示した。実際の投票に限定して考えるかどうかにかかわらず，世論調査が示すよりも多くの議席を支持政党が獲得するだろうと参加者は見積もっていた。

自分の常識が「世間一般の常識」だと考える

あなたは友だちと,「推し」が出演するドラマの話題で盛り上がっていたとする。ところが, 家でおばあちゃんにその話をすると,「推し」という言葉がまったく通じない。あなたの世代にとってはあたりまえの知識（常識）でも, 世間一般に知られているわけではないのだ。

このように自分が知っていることを, ほかの人も知っているだろうと思うことを「知識の呪縛」という。たとえば, アルバイト先ではだれもが使っている用語が別のコミュニティでは通じないことがある。こういうときに「そんなことも知らないの？」などといってしまうと, 相手を傷つけたり, 人間関係を悪くしたりするかもしれない。

自分の常識が, 世間一般の常識とは限らないことを, 意識するようにしたい。

コラム COLUMN 知識の呪縛に関する実験

実験参加者の一方のグループには, 有名な曲を思い浮かべながら, その曲のメロディに合わせて指で机をタップしてもらう。そしてもう一方のグループには, そのタッピングを聞いて曲名を当ててもらった。

机をタップした参加者は,「聞き手は50%の確率で曲名を当てられるだろう」と予想したが, 実際は120曲中わずか3曲しか当たらなかった（2.5%の成功率）。つまり, 自分の頭の中で流れているメロディを, 相手も共有できていると考えてしまったようである。

出典：Newton & Louise, Stanford University ProQuest Dissertations & Theses, 1990, 1-24

それって「共通語」？

私たちには「自分の常識はだれにでも通じる」と思う傾向があるため，自分の常識が通じない人に対しては，相手がものを知らないのだと感じてしまいがちだ。しかし相手も，自分の常識をあなたにあてはめ，同じように感じているかもしれない。

SECTION
57

Egocentric biases in judging responsibility

貢献度の過大視

「自分ばっかり……」と思ってしまう

二人以上で協力して行う活動において，自分の貢献度を過大評価する傾向を「貢献度の過大視」という。

たとえば，パートナーのいる人を対象に行った研究で，二人の生活でおきうるさまざまな出来事について，自分とパートナーの貢献度を評価してもらった※。すると全般的に，パートナーより自分の貢献度をより高く見積もる傾向がみられた。

さらに，「二人のために楽しいことを計画する」「二人の間に生じたもめごとを解決する」「パートナーを批判する」「パートナーに迷惑をかける」の4項目について，自分またはパートナーが実際に行った事例を参加者に列挙してもらい，項目ごとに自分とパートナーの事例の割合を算出した。すると，自分が行った事例の割合が高い人ほど，自分の貢献度を高く見積もった。この傾向は出来事のよしあしに関係なくみられ，悪い出来事に対しても，自分の責任を実際よりも高く見積もった。

人はなぜ「パートナーよりも自分のほうが多く貢献している」と考えてしまうのだろうか。その理由として，自分の行いはパートナーの行いよりも思いだしやすく，それが貢献度の見積もりに影響している可能性が考えられている。

※：Thompson & Kelley, J. Pers. Soc. Psychol., 1981, 41, 469–477

SECTION 57

Egocentric biases in judging responsibility

貢献度の過大視

SECTION 58

Spotlight effect

スポットライト効果

あなたが思うほど他人はあなたに興味がない

自分がもっている情報や経験を基準にして，他者の考えを推測することで生じるバイアスを総称して「自己中心性バイアス」という。人は自分の視点からはなれることがむずかしいために，どうしても自分中心の視点で他者を解釈してしまうことを意味する。

自己中心性バイアスの一つの例に「スポットライト効果」がある。これは，自分の外見や行動に，他者も自分と同じくらい注目していると思うことだ。たとえば，髪型を変えた翌日，友人たちの反応を気にしながら登校したところ，気づいた人はほとんどいなかった，という経験をもつ人もいるだろう。

2000年に行われた実験では※，参加者は，若者にあまり人気のないミュージシャンの顔が胸に大きくプリントされたTシャツを着て，ある部屋に行きアンケート調査に回答するように指示される。部屋に入ると4名程度の別の参加者が，すでにアンケートに回答している。参加者は別の参加者の真向かいに座って回答をはじめるが，すぐに実験者からよびもどされて部屋から出る。

このあとTシャツを着た参加者に，「部屋にいた人のうち何人が，Tシャツにプリントされた人物の名前を答えられると思うか」と質問をした。参加者の予想（答えられると推測した人数を，そのときに部屋にいた人数で割った割合）は，平均して46％になったが，実際に答えられた人の割合は，その半分の23％にすぎなかった（右ページのグラフ）。

また，この実験のようすを再現した映像を第三者に見せ，「何人が，Tシャツにプリントされた人物の名前を答えられるか」を予想してもらったところ，回答の平均は24％だった（右のグラフ）。つまり，本人が気にしているほど他者はTシャツのデザインに注目しておらず，それは第三者の予想からも確認されたのだ。

※：Gilovich et al., J. Pers. Soc. Psychol., 2000, 78, 211-222

「スポットライトを浴びている」と思っているのは自分だけ

自分と同じくらい，他人も自分のことを注目しているだろうと思ってしまうのがスポットライト効果だ。しかし，実際にはあなたが気にするほど，他者はあなたに注目していない。

他人は，思ったよりも自分の服装を見ていなかった

左のグラフは，Tシャツの実験の結果を一部抜粋して示したものである。本人の予想にくらべると，周囲の人々はTシャツにプリントされた内容をあまり覚えていなかった。

SECTION
59

Illusion of transparency

透明性の錯覚

あなたの気持ちは意外と見抜かれていない

自己中心性バイアス(138〜139ページ)の別の例が,「透明性の錯覚」である。これは,自分の気持ちが実際以上に他者に見すかされている,と思うことだ。

1998年に報告された実験を紹介しよう※。参加者の前には,少量(5ミリリットル)の飲料が入った15個のカップが置かれている。そのうちの5個は,酢や塩の入った「まずい」飲料だ。参加者が15個の飲料を順番に飲んでいくようすをビデオカメラで撮影し,あとで10人の観察者にそれを見せる。撮影時に参加者は,まずい飲料を飲んだときにも,顔にださないように指示される。

観察者は映像を見ながら,15個の飲料一つ一つについて,「まずい」かどうかを当てるように指示される。なお,観察者にはあらかじめ,15個のうち5個がまずい飲料であることを知らせておく。つまり,あてずっぽうに答えても3分の1は正解できることになる。結果,参加者が飲料を1個飲むごとに,それが「まずい」飲料であることを見抜いた観察者は10人中平均で3.56人だった。これは,あてずっぽうに答えて正解する人数(3.33人)とほぼ同じである。

一方,参加者に,観察者10名のうち何人が「まずい」飲料を飲んだことを見抜いたか予測させたところ,平均で4.91人と,実際の正解者数を上まわった。

この結果から,うそをついている本人は,実際よりも他者がうそを見抜いていると思っていることがわかる。うそをついているときの動揺など,自分の心の中が相手につつ抜けであるように感じるため,「ばれているにちがいない」と思うのだ。

※:Gilovich et al., J. Pers. Soc. Psychol., 1998, 75, 332-346

緊張していても気づかれない

大勢の前でプレゼンなどをすると,自分ではひどく緊張していて,動揺しながら話しているため,まわりの人があきれているのではないかと不安になる。しかし聴衆側は意外と発表者の緊張には気づかず,「堂々としているな」などと思っているかもしれない。

不幸な目にあった人は「悪い人」なのか?

人は,「よいことをしたら報われ,悪いことをしたら罰を受ける」いう信念をもっている。これを「公正世界仮説」という。

このような信念をもっていることで,犯罪被害者など,本人の行いに関係なく不幸な目にあった人に対しても「本人に落ち度があったからだ」と非難することがある。これは「被害者非難(もしくは犠牲者非難)」とよばれる。

被害者非難を検証する実験が1966年に報告されている※。実験者は,あたえられた問題を間違えた人(以下,犠牲者とよぶ)に,罰として電気ショックをあたえる。実験参加者は,そのようすを別室のテレビモニターごしに観察する。ただし,この犠牲者はサクラで,電気ショックを受けるふりをしている。

参加者はこのようすを観察したあと,犠牲者の印象について,「犠牲者は周囲から尊敬されそうか」「人生の目標を達成できそうか」などの項目で評価するようにもとめられる。

この実験では,参加者はいくつかのグループに分けられている。そのうちグループAには「犠牲者は解答を間違えるたびに電気ショックを受けつづける」と伝えられ,グループBには「今後は解答が正しければ,犠牲者は報酬をあたえられる」と伝えられた。すると,グループBよりグループAのほうが,犠牲者の印象を低く評価する傾向がみられた。

犠牲者が悪いことをしていないのに罰を受けたのであれば,そんな理不尽な現実は参加者の心に不安をもたらすことになる。明日は我が身かもしれないからだ。そこで,その不安からのがれるために,犠牲者が罰を受けたのは,本人に問題があるからだと推測したと考えられる。

※:Lerner & Simmons, J. Pers. Soc. Psychol., 1966, 4, 203-210

「努力は報われる」――。その信念は,苦しむ人を傷つけることもある

公正世界仮説では,よい行いをした人は報われ,悪い行いをした人は罰を受けると考える。この考えは,自分が心がけるぶんにはよいものだ。しかし,不幸な目にあった他者は皆,本人に落ち度があったわけではない。物事を適切に判断するには,他者の立場や状況を想像してみることが大切である。

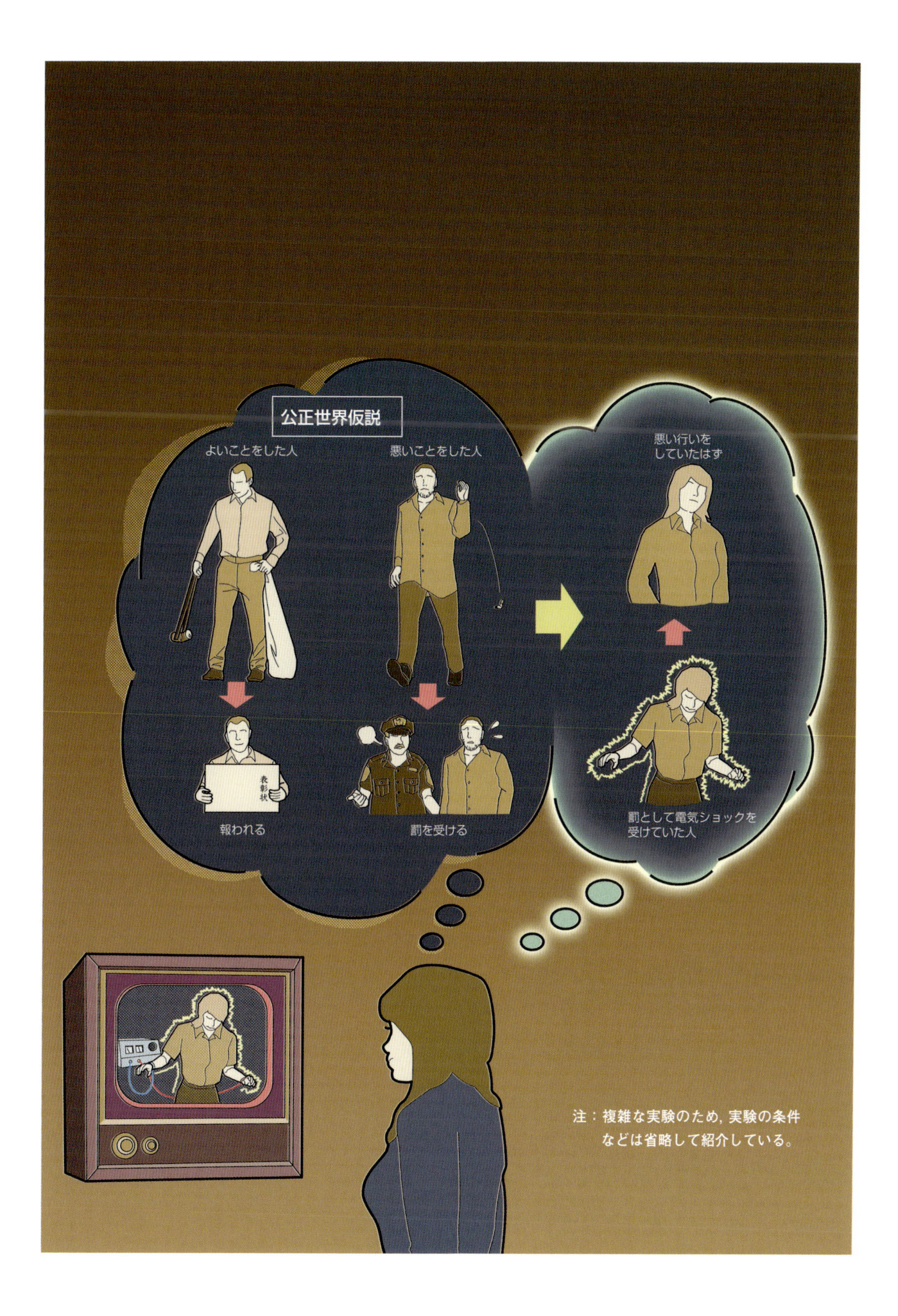

注：複雑な実験のため，実験の条件などは省略して紹介している。

たとえ自分が不幸でも社会が間違っているとは思わない

非正規雇用が増加し，所得などの格差が広がっているといわれて久しい。正規雇用を求めながらも職につけない人がいたら，その原因は何だと思うだろうか？　その人の能力が劣っている，努力が足りないなど，原因を個人に求める人が多く，「だれもが高収入を得られるよう，社会のしくみを改革すべきだ」と考える人はあまりいないのではないだろうか。

格差や差別などがあっても，人は現状の社会システムを維持・正当化しようとする。このような傾向を「システム正当化」という。高い賃金を得るなど恵まれた雇用状況にある人が現状のシステムを肯定するのは当然ともいえるが，低賃金ではたらいている人もまた，現状のシステム自体が間違っているとは考えない傾向があるのだ。

このような現象がおきるのは，人が，序列や役割といった現状のシステムが存在していること自体を，「安心だ」とみなしているからだとされている。序列や役割が変わることで予想できないことがおこるより，現状のシステムをそのまま受け入れたほうがよいと考える傾向があるのだ。

なお，世界は公正であり，努力をすれば報われるという「公正世界仮説」（142 ～ 143ページ）は，現状のシステムを正当化する信念でもある。そして，公正でない不平等な状況になれば，それを正当化するためのつじつま合わせが誘発される。たとえば，「貧しいけれど幸せ」のような考え方だ。これに「金持ちだけど不幸」という考え方が加われば，たがいにメリットとデメリットを打ち消し合い，全体としては平等であるという幻想を維持できるというわけである。

社会的地位が低くても，
自分の能力に見合ったものと考えてしまう

社会的地位の高い人が，「努力したから」「能力が高いから」現状の地位を得られたと考えて，その社会システムを肯定することは不思議ではない。しかし社会的地位が低い人も，いまの社会のしくみは正しいと受け入れ，自分の地位はその努力や能力に見合ったものだと考えてしまうことがあるのだ。

マスコミの報道は偏っている!?

人は，自分の考えこそが正しく，客観的であると思いがちである。そのため，自分と同じ立場から報道されたニュースや記事を見ると「中立的な報道である」と考える一方，双方の立場を盛りこんだ中立的な報道をみると「この報道は偏っている」とみなすことがある。こうした傾向を「敵意的メディア認知」という。

たとえば，政治的意見に関して二つの陣営（A陣営，B陣営）があった場合，どちらの陣営にも偏らない中立的な報道が行われていても，A陣営の人は「A陣営に敵対的だ」と感じ，B陣営の人は「B陣営に敵対的だ」と感じるようだ。

アメリカのスタンフォード大学で行われた実験では，イスラエル寄りの参加者とアラブ寄りの参加者に，1982年におきた「サブラー・シャティーラ事件」（下のコラム）のニュース映像を見せた※。すると，双方に同じニュース映像を見せたにもかかわらず，イスラエル寄りの人はイスラエルに批判的な報道だという印象をもち，アラブ寄りの人はパレスチナに批判的な報道だという印象をもったのだ。

このようにマスメディアによる報道を「偏っている」と思うのは，「自分は現実を客観的にみることができる」と信じる「ナイーブ・リアリズム（130～131ページ）」が関係している。

※：Vallone et al., J. Pers. Soc. Psychol., 1985, 49, 577–585

コラム COLUMN サブラー・シャティーラ事件

1982年，レバノンのサブラーとシャティーラにあったパレスチナ難民キャンプに，親イスラエル政党などによる民兵組織が突入した。2日間にわたって虐殺が行われ，多くのパレスチナ難民が犠牲になった。

注：この画像と左ページコラムの事件は関係がない。

SECTION 63

否定されるとよけいに自分が正しいと思う

Backfire effect

バックファイア効果

あなたが友人と会話していて，友人の意見や情報の中に誤りが含まれていたとする。あなたがそれを指摘したら，友人は自分の誤りを訂正するだろうか？

人はときに自分の誤りを指摘されると，誤りを訂正するどころか，ますます自分の意見や考えに固執するようになることがある。これを「バックファイア効果」という。

ある実験では，アメリカ人130名にジョージ・ブッシュ大統領（当時）が2004年10月に行った演説に関する記事を読ませた※1。この演説は，大量破壊兵器の保有を根拠に，イラク戦争を正当化するという内容のものだった。

その後，半分の参加者には，「イラクは大量破壊兵器を保有しておらず，開発計画もなかった」と結論づける報告書が発表されたという記事を読ませた。つまり，ブッシュの発言に誤りがあったことを指摘する記事を読ませたのである。なお，残りの半分の参加者には，このような記事は読ませなかった。

最後に，すべての参加者に「イラクは大量破壊兵器を保有していたが，アメリカ軍が到着する前に廃棄した」という説をどの程度支持するかをたずねた。その結果，保守層では，報告書に関する記事を読んだ参加者のほうが大量破壊兵器を廃棄したという説を支持する傾向が見られた。

保守層にはブッシュ政権の支持者が多いため，もともとイラク戦争を正当化する根拠として，イラクの大量破壊兵器の保有を信じる傾向があった。しかしそれを否定する報告書の記事を読んだことで，つじつまを合わせるために，大量破壊兵器を廃棄したという説をより信じるように

なったと考えられる。つまりバックファイア効果が見られたのである。

バックファイア効果は頻繁におきる現象ではない

その後の研究では，バックファイア効果がみられるケースは限定的である可能性が指摘されている[※2]。たとえば，五つの実験を通じて，合計1万100人以上のアメリカ人を対象にこの効果を検証した研究では，民主党，共和党の両党の政治家による間違った発言を52例取り上げ，その後，中立的な立場からの正しいデータを示した。その結果，バックファイア効果は確認されず，イデオロギーや党派性のちがいも見られなかった。

つまり，たとえ自分の信念をおびやかす情報でも，それが事実にもとづいたものであれば，受け入れることのほうが多いのかもしれない。あるいは，バックファイア効果が生じないのは，人が自分の信念と矛盾する事実につじつまを合わせるような努力を好まないからだと解釈することもできる。

ただし，信念と矛盾する事実を強制的に突きつけられる実験場面とはことなり，現実の場面では，情報ははじめからふるいにかけられるので注意が必要である。とくにインターネットでは，そのアルゴリズムによって，「フィルターバブル」とよばれる情報の隔離環境がつくりだされやすく，信念と矛盾する情報に触れることは少ない。またSNSなどで，価値観が類似する者どうしがつながりをもつことで，自分の信念を強化する意見ばかりがやりとりされる「エコーチェンバー」という現象がおきることも指摘されている。

※1 Nyhan & Reifler, Political Behav., 2010, 32, 303-330
※2 Wood & Porter, Political Behav., 2019, 41, 135-163

COLUMN

メディアの情報に影響されるのは他人だけ

新聞やテレビ，インターネットなどのメディアの情報は，社会に大きな影響をあたえることがある。私たちの考え方や価値観も，知らず知らずのうちに，メディアの影響を受けている可能性があるだろう。しかし人には，「メディアの情報に影響されるのは他人（第三者）だけで，自分は影響されない」と考える傾向がある。社会学者のフィリップス・デヴィソンは，これを「第三者効果」と名づけた。

デヴィソンは，大学院生などを対象にメディアの影響に関する調査をいくつか行った※1。これらの調査では，「1980年のアメリカ大統領選挙における報道」や「子供に対するテレビ広告」などのトピックについて，自分自身への影響と他者への影響をそれぞれたずねた。すると，いずれのトピックにおいても，他者への影響のほうを高く見積もることがわかった。

第三者効果は，その後もさまざまな研究によって確かめられている。たとえば，社会心理学者の稲増一憲も日本でウェブ調査を行い※2，第三者効果が見られることを確認している（右ページのグラフ）。

第三者効果は，ポルノや暴力のほか，選挙におけるネガティブキャンペーンなど，影響を受けることが社会的に望ましくない情報に対して顕著にみられる。一方で，臓器移植の推進など，影響を受けることが社会的に望ましい情報については，自分への影響と他者への影響の見積もりに差がなかったり，他者よりも自分のほうが影響を受けやすいと考えたりする傾向がある。これは「逆第三者効果（あるいは第一者効果）」ともいわれる。

つまり，人は他者に対するメディアの影響力をつねに過大視しているわけではないのである。影響を受けるべき情報であれば自身への影響力が強く，影響を受けるべきではない情報であれば他者への影響力が強いというように，自分にとって都合がいいように影響力を見積もる傾向がある。

※1：Davison, Public Opin. Q., 1983, 47, 1-15
※2：稲増（著），マスメディアとは何か，2022，中央公論新社

日本における第三者効果の検証

1432人の参加者に「あなた自身の政治に対する意見は，マスコミが伝えるニュースの影響をどの程度受けていると思いますか」，「一般的な日本人の政治に対する意見は，マスコミが伝えるニュースの影響をどの程度受けていると思いますか」と質問した※2。参加者は，「1」（まったく影響を受けていない）～「7」（非常に影響を受けている）の7段階で，自分または他者（一般的な日本人）に対するメディアの影響の大きさを評価した。その結果，自分自身への影響力の平均値は4.22であるのに対し，他者への影響力の平均値は5.37であり，自分よりも他者への影響を大きく見積もる傾向があることが確かめられた。

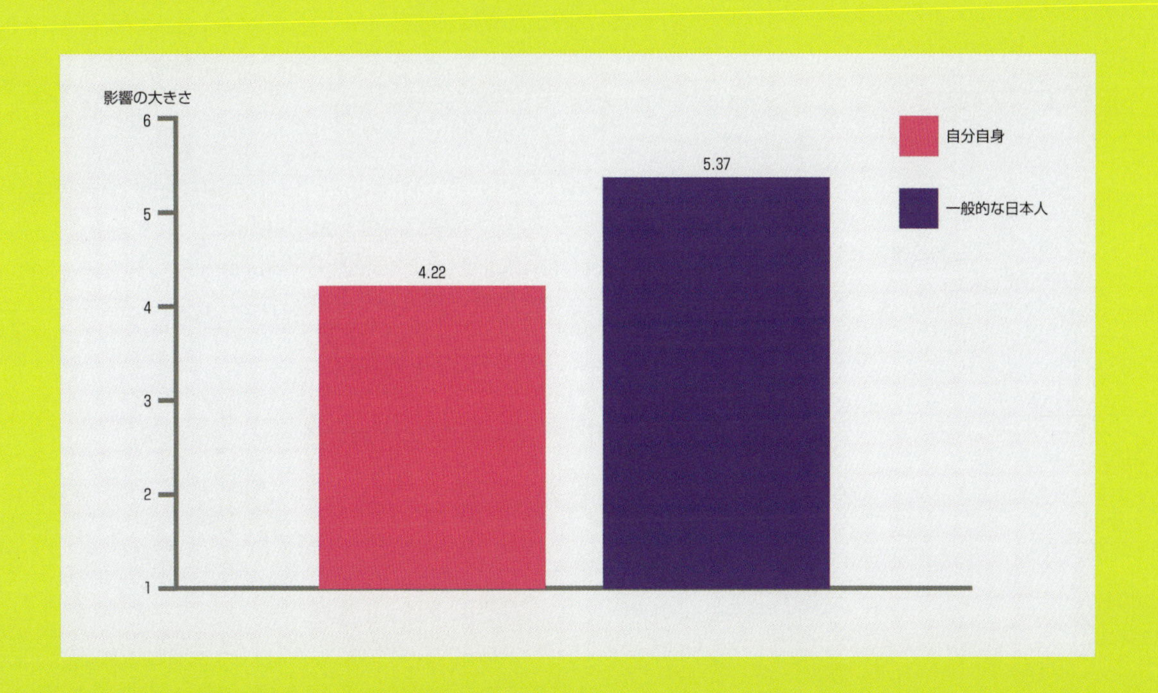
影響の大きさ
6
5
4
3
2
1
4.22
5.37
自分自身
一般的な日本人

5
集団にまつわるバイアス
Biases of Groups

みんなが空を見上げるとつられて空を見上げる

同調バイアスの実験

1969年，アメリカの心理学者スタンレー・ミルグラム（1933～1984）は，同調バイアスを検証するユニークな実験を報告した※。しかけ人（サクラ）が繁華街の歩道で突然立ち止まり，1分間空を見上げる。その際，サクラの数は一人から最大15人までふやし，通行人がどれくらい同調して立ち止まるかを調べた。実験の結果，サクラが一人のときには通行人の4％しか立ち止まらなかったが，サクラが15人になると通行人の40％が立ち止まった。また，空を見上げた人は，サクラが一人のときは42％だったが，サクラが15人になると86％にものぼったのである（右ページのグラフ）。

※：Milgram et al., J. Pers. Soc. Psychol., 1969, 13, 79-82

何人かで食事に行ったとき，ほかのみんながAセットを注文したから自分も合わせてAセットにした，などという経験はないだろうか？　ほかの人の行動に合わせて，自分も同じようにふるまう傾向を「同調バイアス」という。

同調バイアスが生じる主な理由は二つあり，一つは他者の行動を自分の判断の手がかりとして利用するためだ。たとえばみんながAセットを選んだとしたら，それはほかのメニューよりもよいと推測する根拠になる。もう一つの理由は，自分だけ他者とちがう行動をとることをさけるためだ。たとえば，早く帰りたいのに，みんなが残業しているので帰りにくかったという人もいるだろう。このような同調圧力は，集団の中で自然に発生する。

同調バイアスは，他者の意見を参考にしたり，集団内にある暗黙の秩序や規律を守ったりするなかで生じるもので，決して悪いものではない。しかし，他者の意見にとらわれず，自分の考えで物事の正しさや価値などを判断できる力も大切だ。

まわりの意見が一致していると，思わず合わせてしまう

アメリカの心理学者ソロモン・アッシュ(1907～1996)は，「同調」に関する次のような実験を行った※。実験では，基準となる線と，それと同じ長さの線を含んだ，長さのことなる3本の線を実験参加者に見せる。参加者には，この中から基準線と同じ長さの線を答えてもらう。

実験の結果，参加者が一人でこの問題に取り組んだ場合は，正答率はほぼ100％だった。しかし，8名のグループで参加者以外の7名（サクラ）が一様に誤った答えをいうと，参加者の正答率は低下した。50人中37人が，12問のうち少なくとも1問でサクラに同調して誤った解答を選んだのである。

このような同調がおこる理由は，同調バイアス（154～155ページ）で説明したものと同じである。一人で解答すれば正答率がほぼ100％になるような簡単な問題でも，ほかの人たち（多数派）が一様に別の答えをいうと，それに合わせて自分の答えを変えてしまうことがある。

※：Asch, In H. Guetzkow (Ed.), Groups, leadership and men; research in human relations, 177-190, 1951, Carnegie Press

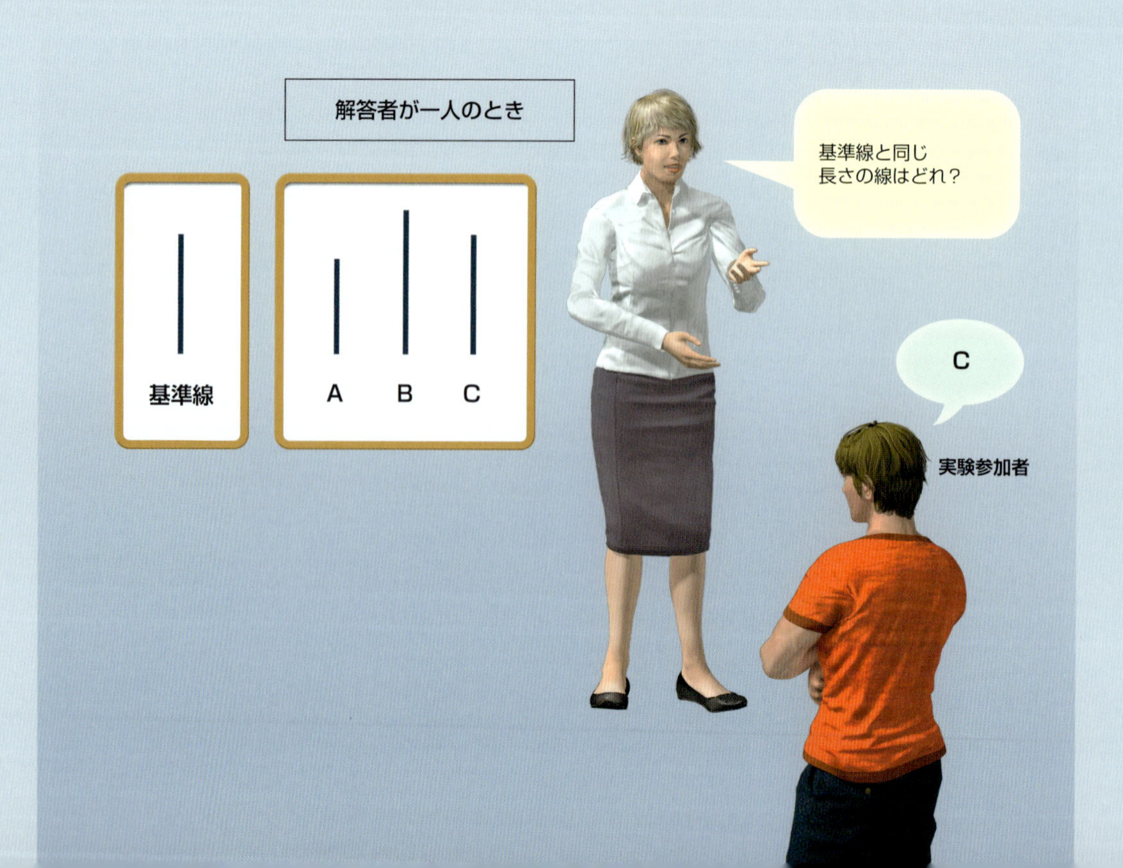

アッシュの同調実験

アッシュの同調実験のイメージをえがいた（実際の実験とはことなる）。

多数派の意見を変える「一貫性のある意見」

少数派の意見で多数派の意見が変わることはあるのだろうか？

フランスの心理学者セルジュ・モスコビッチ（1925～2014）が，1969年に報告した実験（ブルー・グリーン・パラダイム）では，明るさのことなる6種類の青っぽい色のスライドを実験参加者に提示して，その色が何色か判断してもらった※。参加者6名の中には2名のサクラがいる場合があり，いない場合と結果を比較した。

2名のサクラは，青っぽい色のスライドに対して36回の全ての試行で一貫して「緑」と答える。すると，サクラがいる集団では，参加者の8.42％がスライドの色を「緑」と回答した。一方，サクラがいない集団では，同じスライドに対して「緑」と回答した参加者はわずか0.25％だった。

なお，サクラが一貫して「緑」と答えた集団の参加者に，実験後に色覚検査を行ったところ，緑色だと感じる範囲が青色側に拡大していた（右ページ下）。色を答える実験では，サクラに同調せずにスライドの色を「青」と回答した参加者も，サクラの影響を受けて色の感じ方が変化していたと考えられる。

実験では，サクラの回答が一貫していなかった場合も調べられた。36回の試行のうち，24回では「緑」と答え，12回では「青」と回答した場合には，スライドを「緑」と答えた参加者はわずか1.25％だった。モスコビッチはこの結果から，多数派に影響をおよぼして態度を変えるには，少数派の一貫した態度が必要だと指摘した。

※：Moscovici et al., Sociometry, 1969 , 32, 365-380

実験で使用された
青っぽい色のスライドのイメージ

ブルー・グリーン・パラダイム実験

モスコビッチが行った「ブルー・グリーン・パラダイム」とよばれる実験の概要をイラストに示した。

サクラがいる場合

特定のスライドの色に対して必ず「緑」と答えるサクラがいる場合，同じスライドの色を「緑」と答えた人の割合は8.42%にのぼった。

参加者（自由に回答）

参加者（自由に回答）

サクラ（必ず緑と回答）

サクラ（必ず緑と回答）

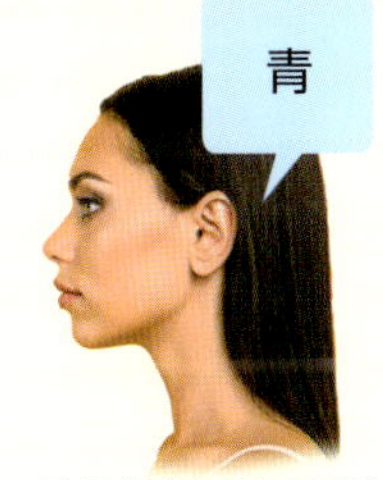

参加者（自由に回答）

参加者（自由に回答）

サクラがいない場合

特定のスライドの色に対して「青」ではなく「緑」だと答えた人の割合はわずか0.25%だった。

参加者（自由に回答）

参加者（自由に回答）

参加者（自由に回答）

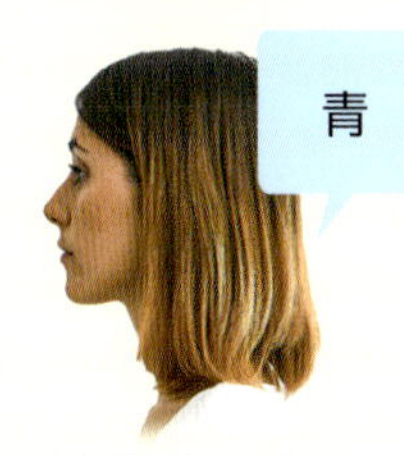

参加者（自由に回答）

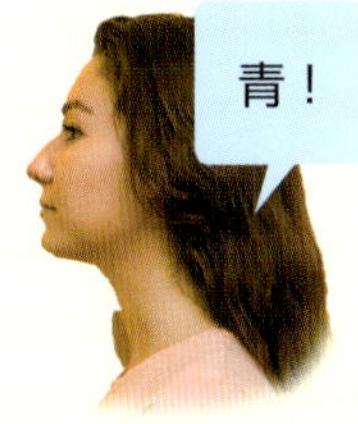

参加者（自由に回答）

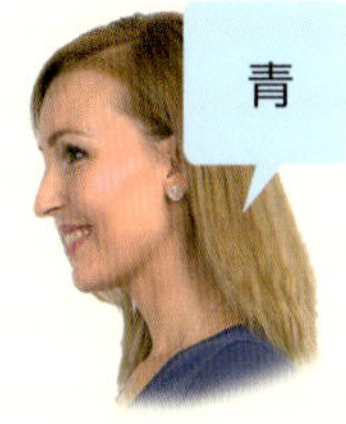

参加者（自由に回答）

サクラがいない集団の緑色の範囲

サクラがいる集団の緑色の範囲

サクラの影響を受けて，緑色だと思う範囲が拡大

サクラがいる集団で実験に参加した人たちの色覚検査の結果のイメージ図。サクラがいない集団にくらべて，実験後の検査では緑色と判断する範囲が拡大していた。

勝ち馬に乗って自分も勝者になりたい!

行列ができていると，並んでみたくなる!?

飲食店の開店前や，新しい商品の発売日などに，長い行列ができていることがよくある。これは，多くの人が並んでいると，「おいしいにちがいない」「いいものにちがいない」などと考え，さらに並ぶ人がふえるというバンドワゴン効果によるものかもしれない。

逆に，多くの人が選ぶものは欲しくないと感じることもあるだろう。人とはことなるものを手に入れることで満足度が増す現象を「スノッブ効果」とよぶ。人の意思決定は，そのもの自体がすぐれているという本質的な要因ではなく，他者の意思決定や行動などの外的な要因によって左右されることもあるのだ※。

※：Leibenstein，Q. J. Econ.，1950，64，183-207

選挙において，ある候補者や政党が「優勢」とメディアで報じられると，さらに票が集まることがある。これは，投票する候補者や政党が決まっていない有権者が，「勝ち馬」に乗ろうとすることでおきる現象だ。

同じようなことは，選挙以外でもおきる。ある商品が大人気だと報じられると，自分も試してみたいと思う人がふえて，結果的に品薄になることもある。このように，あるものが多くの人に選ばれていることがわかると，それを選ぶ人がさらにふえる現象のことを「バンドワゴン効果」という。バンドワゴンとは，パレードの先頭を行く，楽隊を乗せた車のことである。

しかし選挙では，事前の予測で劣勢とされた候補者や政党に「同情票」が集まり，形勢が逆転することもある。こちらは「アンダードッグ効果（負け犬効果）」とよばれている。

SECTION
68

Group polarization

集団極性化

集団だと極端な結論に偏りやすい

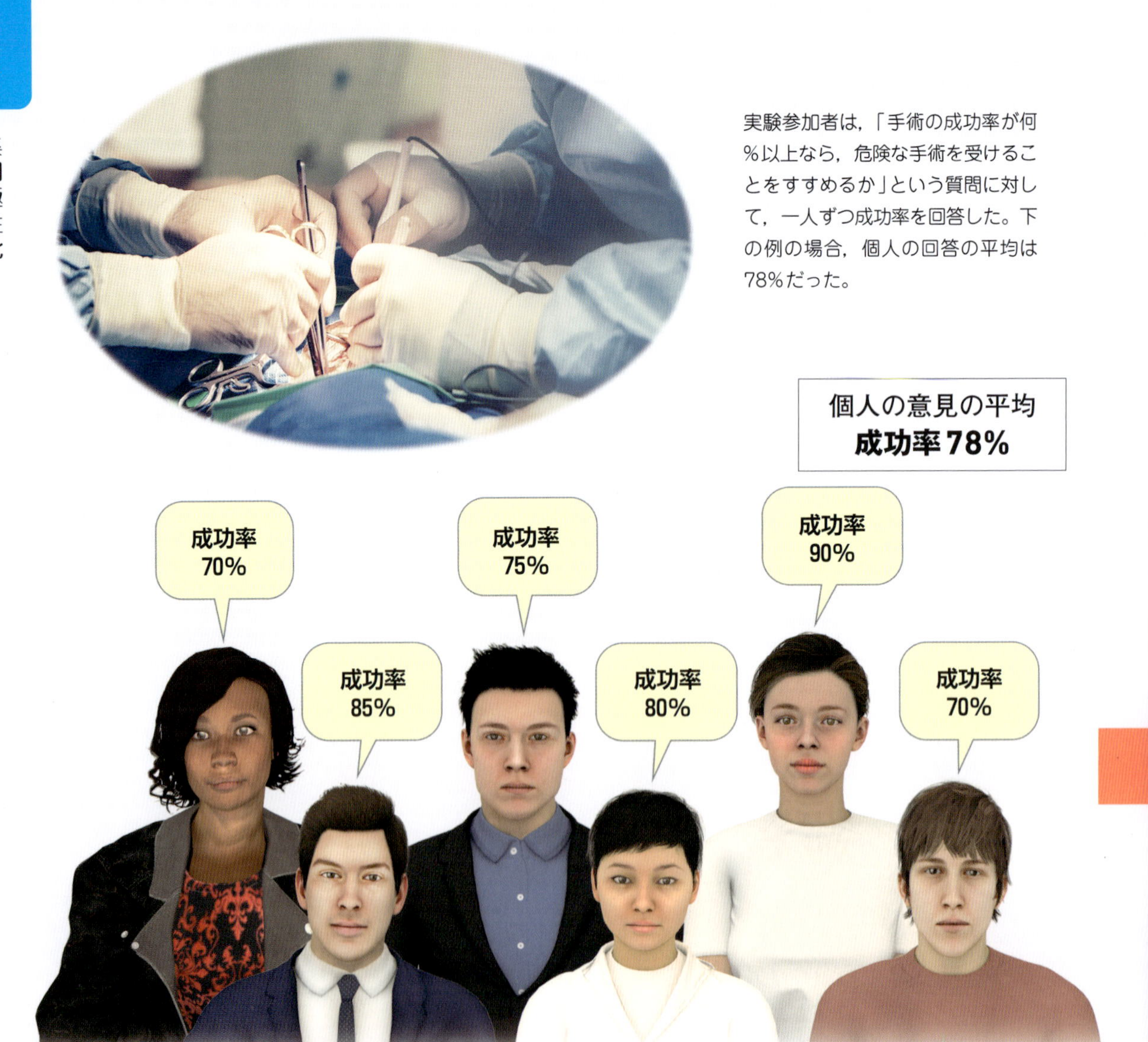

実験参加者は,「手術の成功率が何%以上なら，危険な手術を受けることをすすめるか」という質問に対して，一人ずつ成功率を回答した。下の例の場合，個人の回答の平均は78%だった。

個人の意見の平均
成功率 78%

注：ここで紹介している数値は実際の実験結果ではなく，説明用にわかりやすい値を設定している。

集団で行う意思決定は，個人の意思決定よりも極端な結論に至る傾向がある。これを「集団極性化」とよぶ。

1961年，ジェームズ・ストーナーは，リスク（危険性）をともなう意思決定を行うと，個人の考えよりもリスキーな（より危険な）結論がみちびかれやすいことを発見し，これを「リスキーシフト」とよんだ。

ストーナーが行った実験では，まず実験参加者一人ずつに「失敗すれば命にかかわる危険な手術を受けるかどうか迷っている人に対して，手術の成功率が何％なら受けることをすすめますか？」といった質問に回答してもらった※。次に6人組で同じ質問について議論し，集団としての結論を出してもらったところ，一人ずつで判断した場合の平均よりもリスキーな結論になっていたのだ。

また，その後の研究では，リスキーシフトとは逆に，集団で決定したことが，個人で行った決定よりも保守的な方向に変化する「コーシャスシフト」がおきる場合もあることがわかってきた。「コーシャス」とは，「慎重な」という意味の英語である。

集団で意思決定を行うと，メンバーの意見がもともと優勢だった方向（リスキーまたはコーシャスな方向）に集団極性化がおこりやすいと考えられている。

※：Stoner, 1961, Unpublished master's thesis, Massachusetts Institute of Technology

集団で議論すると……

6人で議論してもらうと，一人ずつで判断した場合の平均値よりもリスキーな結論がみちびかれた。なお，集団で議論したあとにあらためて一人ずつに同じ質問をすると，それぞれ当初よりもリスキーな回答に変化していた。

SECTION 69

Authority bias

権威バイアス

権威のある人の指示にはしたがってしまう!?

人は地位や肩書きに弱いものだ。たとえばパッケージに，著名な大学の名誉教授が監修したなどと書かれている商品を，中身を確認せずに買ってしまったことはないだろうか。このように，いわゆる権威のある人に指示や説得をされると，易々と受け入れてしまう傾向を「権威バイアス」とよぶ。

権威のある人からの命令であれば，それがどのようなものでも，私たちはしたがってしまうのだろうか。スタンレー・ミルグラム（1933～1984）は，のちに「権威への服従」実験とよばれる実験を行った※。

まず，実験者（この実験の権威者）は参加者に，「先生役と生徒役に分かれて，先生役は生徒役に記憶のテストをします」と説明した。参加者は全員が先生役になるようなしかけがほどこされている。そして，サクラである生徒役が答えをまちがえたら，罰として電気ショックをあたえるように，実験者から指示される。また，生徒役が答えをまちがえるたびに，電気ショックの電圧を15ボルトずつ上げなければならず，電気ショックをあたえることをためらうと，そばにいる実験者から実験をつづけるようにうながされる。もちろん，実際には電流は流れていないが，参加者は流れていると思っている。また，生徒役がいる部屋からは，電圧が上がるにつれ悲鳴や実験の中止を訴える声が聞こえてくる。実験の結果，参加者の65％が，実験者の指示に従い，電圧が最大になるまで実験をつづけたという。

なお，倫理的な配慮から，現在はこのような実験は行われていない。

※：Milgram, J. Abnorm. Soc. Psychol., 1963, 67, 371-378

注：このイラストはイメージで，実際の実験とはことなる。

SECTION 70

Out-group homogeneity bias

外集団同質性バイアス

自分が属していない集団の人はみんな同じに思える

国や組織，年代などによって，人を集団に分類することがある。このとき自分が属している集団を「内集団」，自分が属していない集団を「外集団」という。私たちは，内集団にはさまざまな特徴をもった人たちがいると思う一方で，外集団は同じような人たちばかりだと思う傾向がある。これを「外集団同質性バイアス」という。

ところで，人は自分と同じ人種の顔は区別しやすく，ほかの人種の顔は区別がしにくいことも知られている。これは「他人種効果」といって，外集団同質性バイアスと関連している。

自分が属していない集団の人たちを画一的にみることは，だれにでもおこりうることだが，それはときに，偏見や差別につながる危険性がある。実際には外集団の人たちも，内集団の人たちと同じように個性的なはずだ。そのことを意識することも大切だろう。

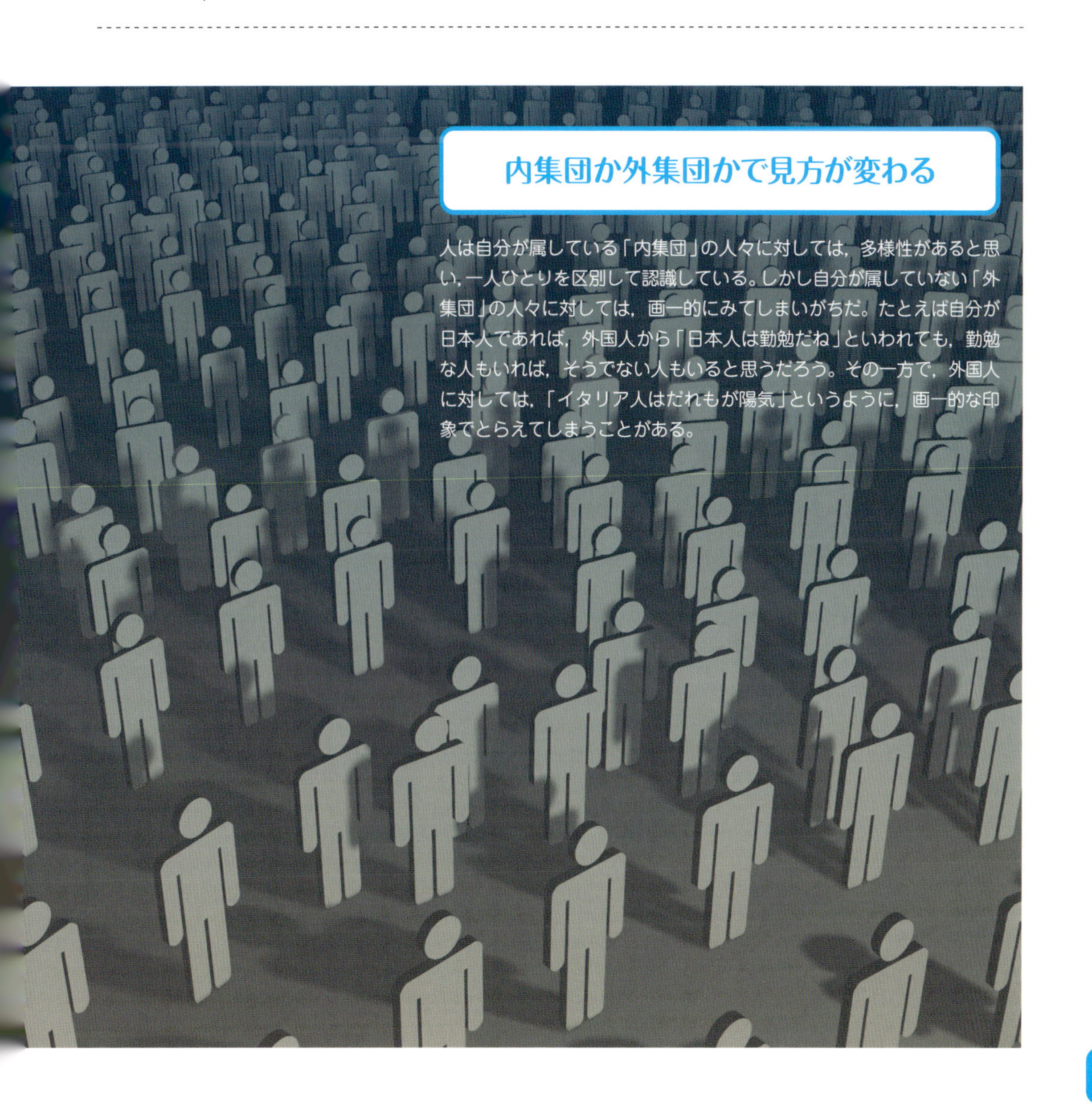

内集団か外集団かで見方が変わる

人は自分が属している「内集団」の人々に対しては，多様性があると思い，一人ひとりを区別して認識している。しかし自分が属していない「外集団」の人々に対しては，画一的にみてしまいがちだ。たとえば自分が日本人であれば，外国人から「日本人は勤勉だね」といわれても，勤勉な人もいれば，そうでない人もいると思うだろう。その一方で，外国人に対しては，「イタリア人はだれもが陽気」というように，画一的な印象でとらえてしまうことがある。

出身地が同じというだけでひいきをしてしまう

アルバイトに応募してきた二人のうちの一人が，自分と同じ県の出身だと知り，その人を採用することにした。営業で来た人が高校時代，自分と同じようにラグビーに打ちこんでいたと聞いて，この人は信頼できると思った――。このように，人は，自分の属する集団（内集団）のメンバーが他の集団（外集団）のメンバーよりも人柄や能力がすぐれていると認識し，特別あつかいする傾向がある。これを「内集団バイアス（内集団びいき）」という。

心理学者のヘンリ・タジフェル（1919～1982）らが行った内集団バイアスの検証実験を紹介しよう※1。参加者はスクリーンに投影された点の数を推測する課題などに回答した。そして，その課題で似た回答をした人達という名目で，グループ分けが行われた。それぞれのグループの参加者に対し，報酬をほかのメンバーにあたえるとしたらどのように分配するかを考えてもらったところ，自分と同じグループ，すなわち内集団のメンバーに対しては，それが誰かがわからなくても，より多くの報酬を分配する傾向が見られた。つまり，即席で分けられた集団で，メンバー間の相互作用がない状況でも，内集団バイアスが生じることが示されたのだ。

自分が所属する集団の評価を高めようとする

内集団バイアスを説明する考え方の一つに，「社会的アイデンティティ」がある。人は，自分がこういう人間であるという感覚（アイデンティティ）をもっており，その中には「〇〇大学の出身」や「〇〇会社の社員」といった，自分がこういう集団に属しているという感覚（社会的アイデンティティ）も含まれている。アイデンティティの一部である所属集団（内集団）の価値を高めることは，自尊心を高めることにつながる。そのために，内集団を外集団よりも優遇しようとする意識がはたらくと考えられている。

ただし，内集団を優遇することは，一方で外集団への偏見・差別，敵対心を生むおそれもある。

※1：Tajfel et al., Eur. J. Soc. Psychol., 1971, 1, 149-178

スポーツと内集団バイアス

自分が応援するチームは，誰にとっても特別なものだろう。しかし度をすぎると，相手チームやそのファンへの誹謗などの好ましくない行動につながるおそれがある。

黒い羊効果

人は内集団のメンバーをひいきするが，内集団になじめない人がいる場合には，その人を差別する傾向があることが知られている[※2]。この現象を「黒い羊効果[注]」という。

※2：Marques et al.，Eur. J. Soc. Psychol.，1988，18，1-16
注：聖書に，黒い一匹の羊がほかの白い羊に受け入れられず排除されるという逸話がある。黒い羊効果の名は，この逸話にちなんでいる。

自国チームの勝ちは実力！相手チームの勝ちは運？

スポーツ観戦などで応援しているチームが負けたとき，運や審判などのせいにしたことはないだろうか？　私たちは内集団（たとえば応援しているチーム）が成功したときは能力や努力（内的要因）のおかげ，失敗したときは状況（外的要因）のせいと考える。一方，外集団（たとえば対戦チーム）の成功・失敗の原因については内集団のときとは逆に考える傾向がある。これを「究極的な帰属の誤り」という。

原因をこのように考えると，内集団は外集団よりもすぐれているとみなすことができる。そのため，内集団のメンバーである自分の自尊心を高く保つことができると考えられている。

ただし，内集団と外集団の境界はあいまいだ。前述のスポーツ観戦の例では，応援しているチームで内集団と外集団が分かれるが，スポーツに興味のない人にとっては，スポーツ観戦をする人はすべて外集団だ。人はそのときどきに応じて，内集団と外集団の線引きをし，内集団につごうのよい原因を考える。

コラム COLUMN 基本的な帰属の誤り

ある出来事や行動について，その原因を推測することを原因帰属という。ここでは集団に関する原因帰属のバイアスとして「究極的な帰属の誤り」を紹介したが，個人に関する原因帰属でもバイアスは生じる。

たとえば，他者の行動の原因を考えるとき，本人の性格や能力のような内的要因を重視し，状況のような外的要因を軽視する傾向がある。これは，他者の行動の原因を考えるときによくみられる普遍的な傾向であることから，「基本的な帰属の誤り」とよばれている。

SECTION
73

Illusory correlation

錯誤相関

少数派は，悪いイメージをもたれやすい？

実際には関係していない出来事どうしを関係（相関）しているように誤って認識することを，「錯誤相関」という。よく知られるのが，血液型と性格の関係だ。たとえば，日本人に多いA型やO型には「真面目」「おおらか」などの好ましいイメージがあげられる一方で，日本人に少ないB型やAB型には「自己中心的」「変わり者」といった，あまりよくないイメージがあげられることがある。

一般に，少数派の人は好ましくないイメージをもたれることが多いようである。1976年，アメリカの心理学者デイビッド・ハミルトンとロバート・ギフォードは，少数派に対する錯誤相関を検証する実験を報告した※（右ページのグラフ）。

まず，多数派のグループAの人物と少数派のグループBの人物の好ましい行動もしくは好ましくない行動を参加者に示す（例：グループAのジョンは相手を不快にさせる発言をした）。ただし，各グループで，好ましい行動をした人物と好ましくない行動をした人物の比率はどちらも同じだ。その後，それぞれの人物がどちらのグループに属していたかを思いだしてもらうと，実際の人数以上に，好ましくない行動をした人物を少数派のグループBの人物だと答えた。

この実験で，好ましくない行動をした人は好ましい行動をした人よりも少なかったが，現実の社会においても好ましくない行動は相対的にまれであり，そのために目立ちやすい。一方で，「少数派」はそれ自体が目立ちやすいので，同じように目立ちやすい「好ましくない行動」との間に関連があるような錯誤が生じて，少数派のイメージが悪くなると考えられる。

先住民族や少数民族，最近ではLGBTQ（性的マイノリティ）の問題など，少数派の人々は差別や偏見にさらされやすい現状がある。こうした差別や偏見におちいらないようにするためには，錯誤相関がおきていないか疑ってみることが大切だ。

※：Hamilton & Gifford, J. Exp. Soc. Psychol., 1976, 12, 392-407

	グループA	グループB	合計
好ましい行動をとった人数	18	9	27
好ましくない行動をとった人数	8	4	12
合計	26	13	39

錯誤相関に関する実験

グループAまたはグループBに属する39名の人物の行動をしるした文を参加者に見せる。グループAの人数(26名)は，グループB(13名)の2倍であるため，グループBのメンバーは少数派だ。表に示すとおり，好ましい行動をとった人と好ましくない行動をとった人の数は，比率でみればグループAもグループBも同じだった。つまり，グループAで好ましくない行動をとった人物は，実際にはグループBの2倍いたわけだが，参加者は，好ましくない行動をした人物の半数以上をグループBの人物として思いだした。

COLUMN

人がたくさんいると行動しなくなる

責任が分散し，行動をおこさなくなる

周囲に人がいると自分の責任が小さく感じられ，「自分が行動しなくても，だれかがやるだろう」と考える「責任の分散」がおきる。また，「自分の考えは，ほかの人とはちがうのではないか」「まちがいだったらはずかしい」といった気持ちから，たがいの反応をさぐり合い，その結果，行動をおさえてしまうことがある。

部屋に一人でいる場合
部屋に一人でいるときに異常を報告した参加者の割合は，白煙が流れこみはじめてから2分以内では約55%，4分以内では約75%だった。

深夜に女性が暴漢に襲われて死亡する事件が，1964年にアメリカでおきた。このとき，まわりにいた38人もの人が女性のさけび声や物音を聞いたのに，だれも助けに行ったり，警察に通報したりしなかった（ただし，この事件は誇張されているという指摘もある）。周囲に多くの人がいることで，行動をおこす人が少なくなる傾向のことを「傍観者効果」とよぶ。

1968年，アメリカの心理学者ビブ・ラタネとジョン・ダーリー（1938～2018）は，傍観者効果を確認する実験を報告した※。実験参加者を部屋に待機させているときに通気口から白煙を流し，その異常事態に対する反応を調べたのだ。この実験では参加者が部屋に一人でいる場合と，煙に反応しない二人のサクラといっしょに3人でいる場合の2種類の状況をつくった。

すると，一人でいるときは約75%の人が部屋を出て異常を報告しに行ったのに対し，二人のサクラといっしょのときは，約12%しか異常を報告しなかった。

※：Latane & Darley, J. Pers. Soc. Psychol., 1968, 10, 215–221

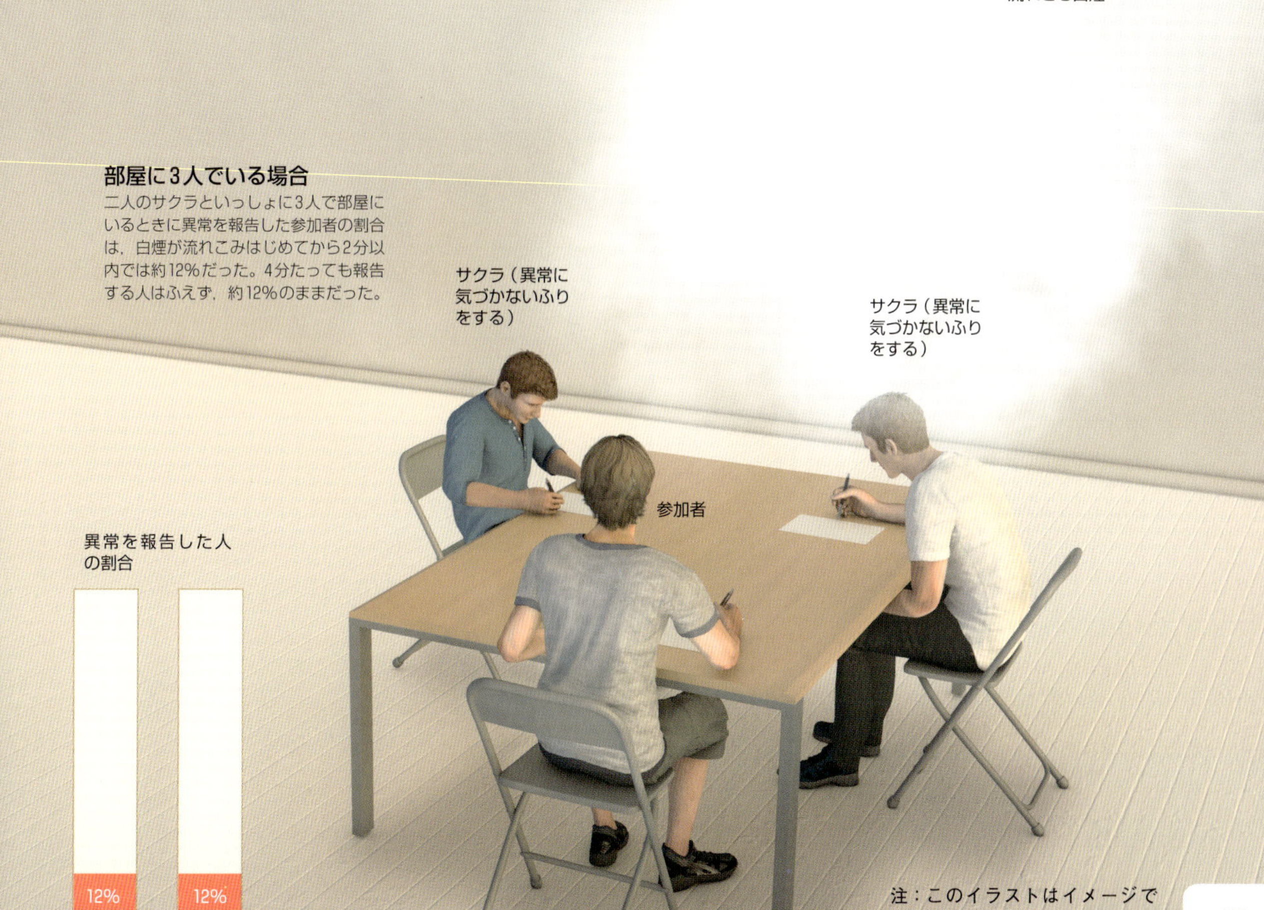

部屋に3人でいる場合
二人のサクラといっしょに3人で部屋にいるときに異常を報告した参加者の割合は，白煙が流れこみはじめてから2分以内では約12%だった。4分たっても報告する人はふえず，約12%のままだった。

注：このイラストはイメージで実際の実験とはことなる。

6
数にまつわるバイアス
Biases of Numbers

SECTION
74

Nonsense math effect

ナンセンスな数式効果

数式があるだけで評価が高くなる

人は数式が使われているだけで，たとえそれがまったく無意味なものであっても，数式の掲載されている論文や資料の内容がすぐれていると認識してしまうことがある。これを「ナンセンスな数式効果」という。この効果を検証した実験が2012年に報告された※。

実験では，修士号または博士号を取得している200人の参加者に，二つの研究論文（進化人類学と社会学）の要約を読ませ，その研究の質を評価してもらった。このとき，半分の参加者には，末尾に，「逐次的な効果を説明するための数理モデルが提案された」という一文と，「$T_{PP}=T_0-fT_0d_{2f}-fT_Pd_f$」という数式がつけられた要約を提示した。

実は，この数式は別の論文に掲載されていたものであり，上記の2種類の論文とはまったく関係がなかった。しかし実験の結果，数式をつけた論文のほうが，つけていない論文より，研究の質が高いと評価された。また，参加者の学位の分野別に検討したところ，人文科学や社会科学の学位をもつ参加者は，数式をつけた論文のほうを研究の質が高いと評価する傾向が強かった。一方，数学や理学，工学，医学などの学位をもつ参加者には，この傾向は確認されなかった。

ナンセンスな数式効果が生じる理由の一つとして考えられるのは，数学的な訓練の不足である。つまり，数学や理学などの分野で数学的な訓練を十分に受けている人は，上記の数式に意味がないことに気づく可能性が高い。一方，数学的な訓練を受けていない人は，数式の意味について深く考えず，数式が使われているという事実だけで，その内容を高く評価したと考えられる。

数式は現象を説明する手法の一つで，それを使いこなすには高度な知識や訓練が必要である。そのため，数式の使用になれていない人は，数学に対してある種の畏怖の念をいだきやすい。しかし，数式が使われているからといって，その内容のほうがすぐれているとは限らない。

※：Eriksson, Judgm. Decis. Mak., 2012, 7, 746-749

実験で用いられた研究論文の要約のイメージ

アメリカでは，現行の刑事司法制度にもとづき，多数の人が刑務所に服役している。このような受刑者数の多さは，さまざまな社会問題を引きおこしているが，本論文では，就職活動（応募）における服役の影響に焦点を当てた研究を行った。具体的には，服役の有無をのぞいて応募者の特徴が同じだった場合，応募者の犯罪記録がその後の就職の機会にどの程度影響するかを，実験的アプローチによって検討した。研究の結果，これまでに十分に認識されていなかった層化のメカニズムが明らかになり，犯罪記録は，人種的な不平等さとともに，就職の主要な障壁となっていた。結論として，逐次的な効果を説明するための数理モデル（$T_{PP}=T_0-fT_0d_{2f}-fT_Pd_f$）が提案された。

SECTION
75

Fallacy of the mean

平均値の誤謬

自分は「平均的」だと思っていたのに，平均値からはかけはなれている？

平均値という言葉に対して，「真ん中くらい」「普通」という印象をもっている人は多いだろう。では，日本の二人以上世帯の平均貯蓄額が1904万円と聞くと，どうだろうか。多くの人は，「高い」と感じるのではないだろうか。

実は平均値というのは，極端な値(外れ値)の影響を受けやすい。たとえば所持金が各々3万円，4万円，5万円，6万円，7万円の人がいるとする。5人の所持金の平均値は5万円で，ちょうど真ん中だ。しかしここに23万円をもつ6人目が加わると，平均値は一気に8万円にはねあがる。前述の日本の貯蓄額の例も同様で，ごく一部の富裕層が全体の平均を引き上げている（下のグラフ）。

元の値がどのくらい「ばらついている」のかにも注意

平均値をみるときは，元の値のばらつきにも注意する必要がある。たとえば，あなたがテストを2回受けたとする。どちらも平均点が60点のテストで，あなたは2回とも70点をとった。しかし，2回目のテストでは皆が「今回はよくがんばった」とほめてくれたのだ。これはなぜだろうか。

この2回のテストの点数と人数の関係をあらわしたのが右ページのグラフ（度数分布）だ。横軸を点数，縦軸を人数としたとき，1回目のテストの点数はなだらかな山のような分布（右ページ上）をしていた。一方，2回目は，とがった山のような分布（右ページ下）になった。どちらのテストも平均点は60点だが，得点のばらつきぐあい（分布）がことなっていたのだ。グラフをみれば明らかなように，1回目はあなたよりもよい点数をとっている人が多い。しかし2回目はあなたよりもよい点数をとった人が1回目よりもずっと少ないことがわかる。

このように，平均値を見るだけでは不十分で，分布などもあわせて見なければ，得点の意味を正しくとらえることはできない。

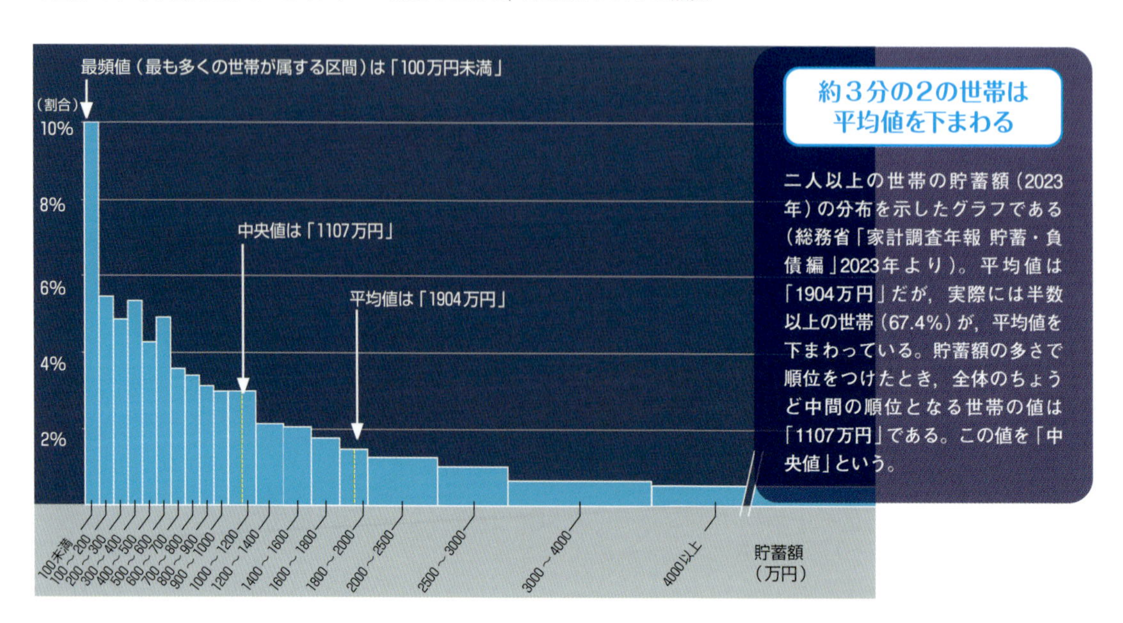

約3分の2の世帯は平均値を下まわる

二人以上の世帯の貯蓄額（2023年）の分布を示したグラフである（総務省「家計調査年報 貯蓄・負債編」2023年より）。平均値は「1904万円」だが，実際には半数以上の世帯（67.4%）が，平均値を下まわっている。貯蓄額の多さで順位をつけたとき，全体のちょうど中間の順位となる世帯の値は「1107万円」である。この値を「中央値」という。

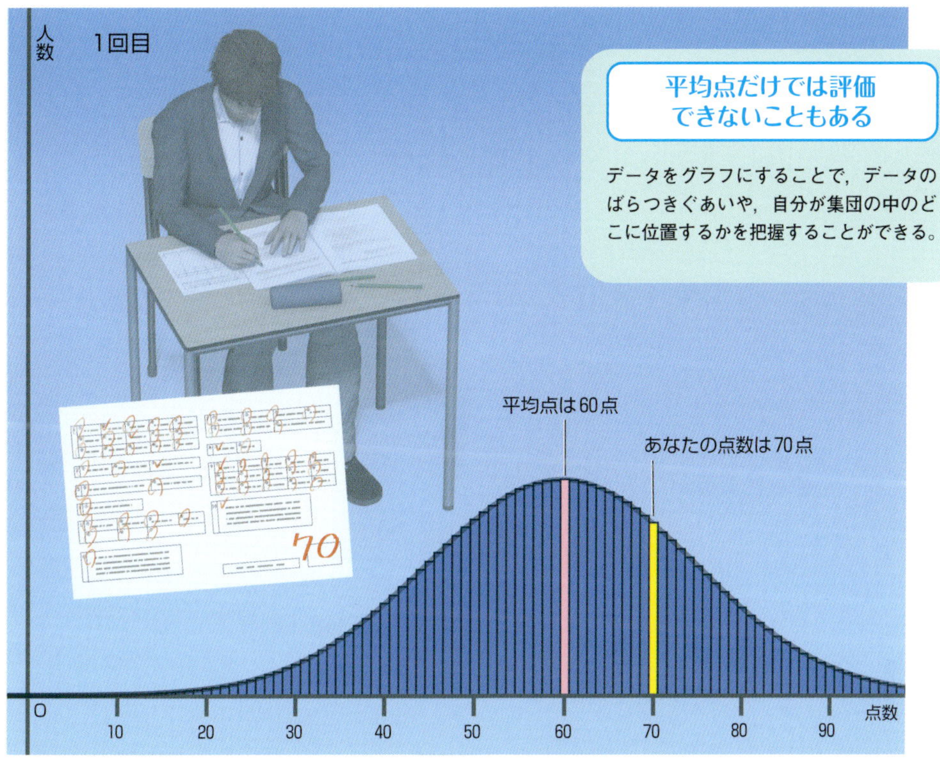

平均点だけでは評価できないこともある

データをグラフにすることで，データのばらつきぐあいや，自分が集団の中のどこに位置するかを把握することができる。

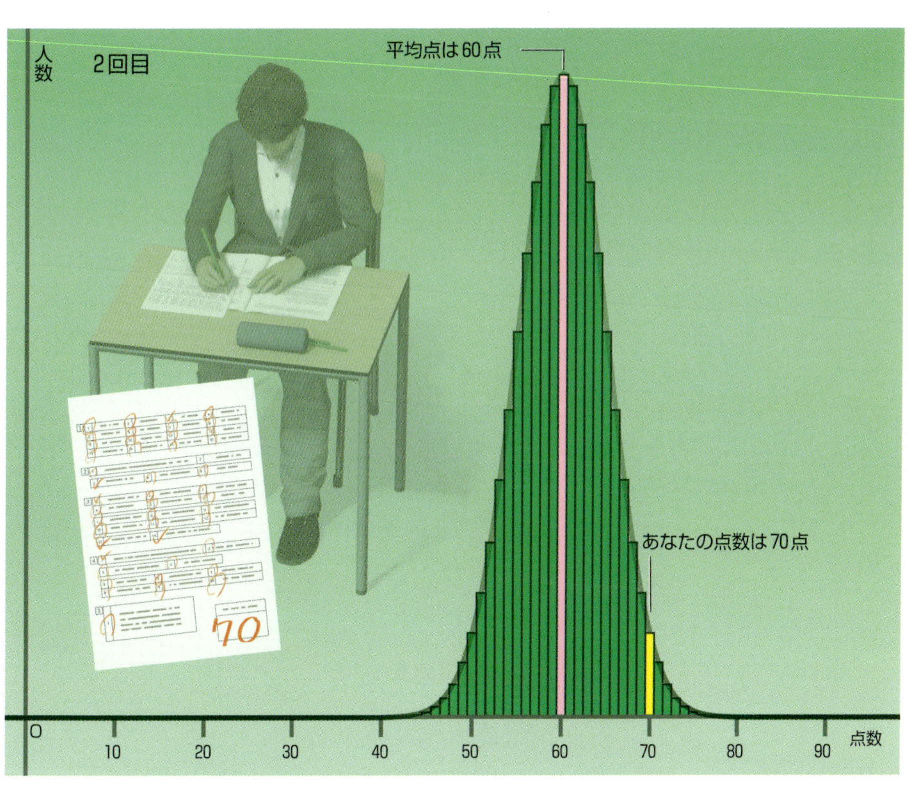

成功者の体験談からは学べないこともある

生還した飛行機だけでは，真の危険はわからない

イラストは，生還した飛行機と撃墜された飛行機における，被弾箇所のちがいのイメージである（実際のデータにもとづくものではない）。水色を致命的でない箇所への被弾，ピンク色を致命的な箇所への被弾とする。生還した飛行機では，致命的な箇所への被弾は当然少ないはずだ。そのため，強化すべき場所を決める際に，生還した飛行機だけを見て考えるのは適切とはいえないのである。

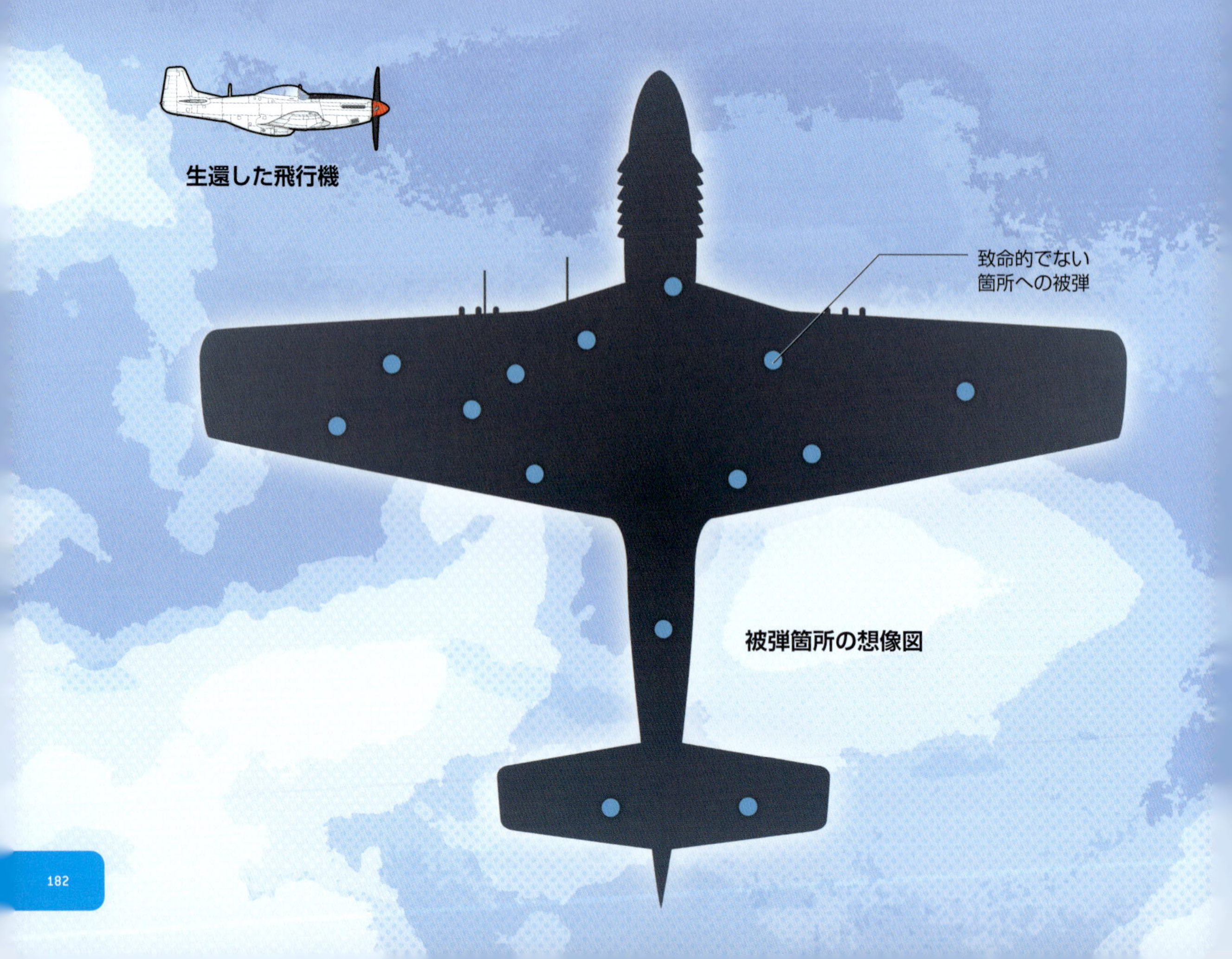

失敗した事例は分析の対象にしにくいこともあり，私たちは，成功した事例ばかりに注目しがちである。これを「生存者バイアス」という。

たとえば災害のあとには，生還した人の話ばかりが広まる。しかしその人は偶然，比較的安全な状況にいたのかもしれない。生存者の証言だけでは，災害時に必要な対応について，十分に知ることができない可能性があるのだ。

興味深い事例がある。第二次世界大戦中の1943年，アメリカ軍は軍用機に装甲[注]を追加しようと考えた。しかし，重い装甲を多くすると飛行性能が低下するため，追加する装甲を最小限にしつつ，撃墜される可能性を低くする必要があった。

注：敵弾を防ぐために武装すること。

軍の上層部は，戦場から生還した機体の弾痕を調べ，被弾数が多い部分の装甲を強化しようとした。しかし，生還した機体で被弾数が多い場所とは，見方を変えれば，撃たれても墜落しなかった場所ということだ。つまり，装甲を厚くする場所を決めるには，生還できなかった機体も考慮する必要があったのである。

同じように勉強や仕事においても，参考にするデータに不足はないか気をつける必要がある。たとえば，受験で成功した人が「この方法で成功した」と語っても，その方法そのものが成功に結びついたとは限らない。適切に判断するには，失敗した人の事例もあわせて確認することが重要である（184 〜 185ページの「相関分析の落とし穴」も参照）。

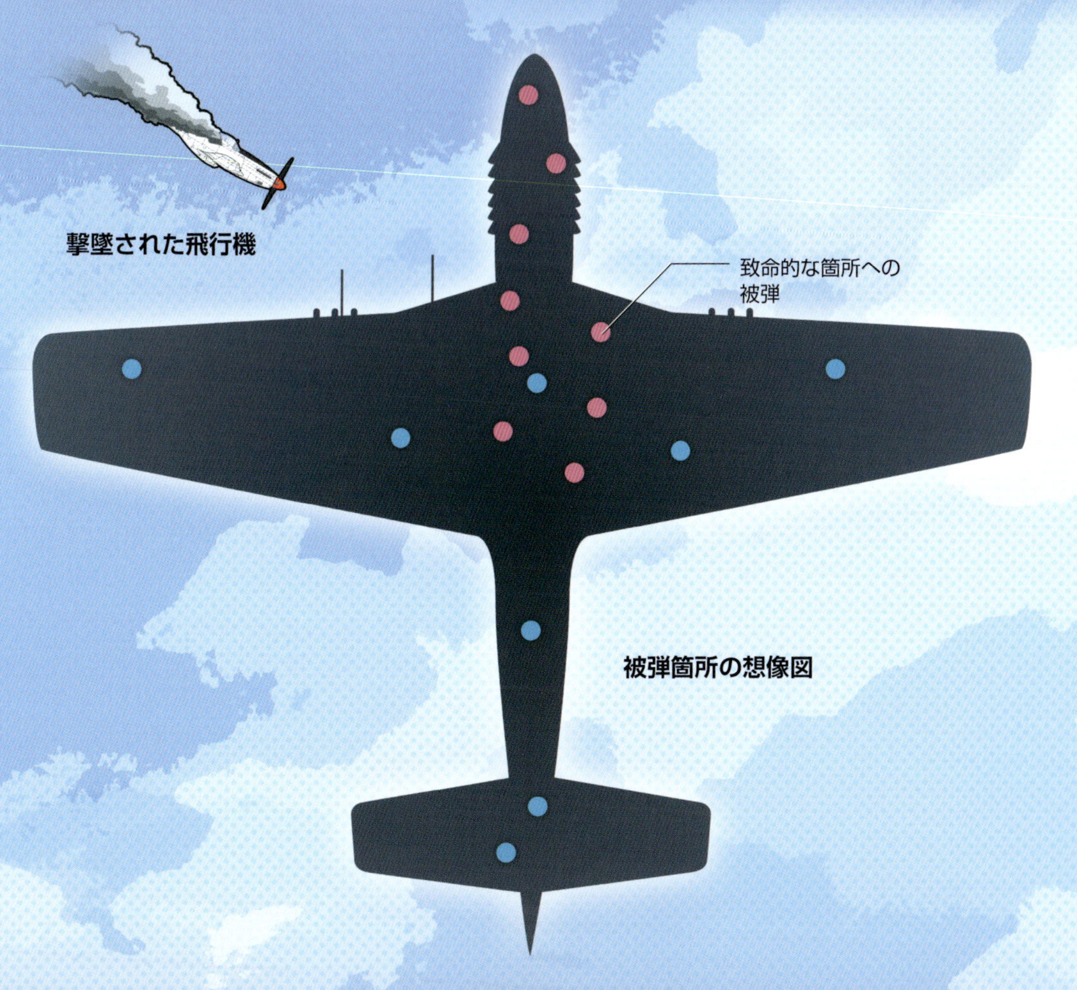

入試の点数と入学後の成績に相関なし 入試に意味はないのか?

下のAのグラフは, ある大学の入学試験の成績と入学後の学科試験の成績の関係を示したものである。この二つの試験の成績に正の相関があるなら, 入試で成績がよかった学生は, 入学後の学科試験でも優秀な成績をおさめると予想できる。

なお, 入学試験の成績(x)がよかった学生ほど, 入学後の学科試験の成績(y)もよいのであれば, 個々の学生のデータ(Aのグラフでxの値とyの値がまじわる赤い点)は, 右肩上がりの直線のまわりに並ぶはずだ。しかし, 必ずしもそうはなっていないようである。たとえば入学後の学科試験(yの値)で, 最低点だった人(学生a)も最高得点だった人(学生b)も, 入学試験(xの値)はいずれも71点だった。

このように, 入学前(入学試験)と入学後(学科試験)の点数が連動しないことが多ければ, 入試の成績を基準に合格者を決めても, 入学後の成績は予測できないことになる。はたしてそのように結論づけてよいのだろうか。

データのとり方で相関のありなしが変わる

Aのグラフだけを見て,「入試の成績からは, 入学後の成績をそれほどうま

A. 新入生の入学試験の点数と, 学科試験の成績の相関のグラフ

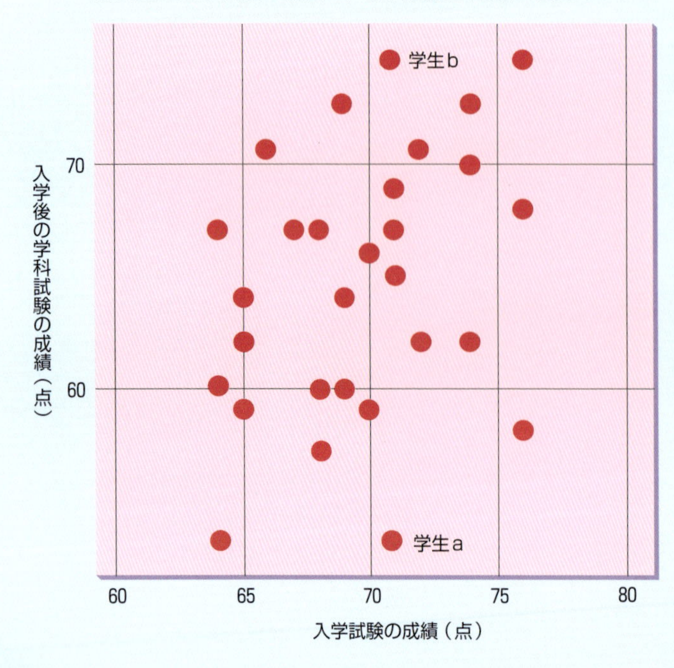

入試と大学の成績には関係がない?

Aのグラフは, 横軸に大学の入試の成績を, 縦軸に入学後の学科試験の成績をとった相関のグラフである。横軸(x)と縦軸(y)に関係があると, グラフは直線の傾向を示す。「xの値がふえるとyの値もふえる」場合は正の相関があるといい, グラフは右肩上がりになる。「xの値がふえるとyの値はへる」場合は負の相関があるといい, グラフが右肩下がりになる。

Aのグラフをみると, 入学試験の成績と, 入学後の学科試験の成績には関係がないようにもみえるが, 両者の関係性は, 不合格だった学生も含めて評価する必要がある。もし不合格だった学生が学科試験を受けたら, Bのグラフのように分布すると予想される。このようにするとxとyの関係がみえやすくなる。

B. 全受験生の入学試験の点数と, 学科試験の成績の相関のグラフ

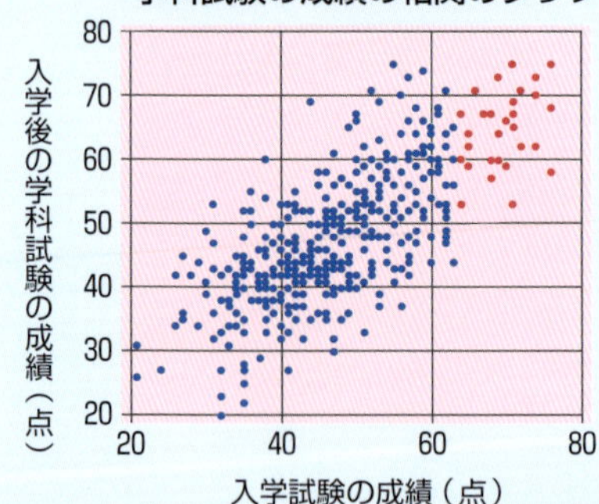

く予測できない」という結論をみちびくのは早計だ。

このようなデータを判断するためには，入試に落ちた人々も含めて評価する必要がある。入試に落ちた人々が，同じ学科試験を受けたとしたら，おそらくBのようなグラフになるだろう。このBのグラフでは，入試の成績がよかった学生ほど，学科試験の成績がよいという直線的な関係がより明確に見られる。Aのグラフは，入試の得点が65点以上の合格者のデータ（図Bの赤い点の部分）だけをみていた。そのために入試と学科試験との関係がはっきり見えていなかったのだ。しかし，Bのグラフをみるとと Aのグラフの学生は，最も点数が低い場合も含め，受験者全体からみれば非常に優秀なグループに属していることがわかる。

右肩上がりのはずが右肩下がりに？

つぎに，データのあつかいかたによって，逆の結論をみちびく可能性がある例を紹介しよう。下のCのグラフは，イギリスの統計学者，ロナルド・フィッシャーがあげた，アヤメの花のがくの長さと幅を比較した有名なデータを示したものである。

データはかなりばらついているが，全体としては，がくの長さと幅に右肩下がりの関係があるように見える。また，統計ソフトで計算したところ，弱い負の相関が見られた。しかしここから，ただちに「アヤメの花は，がくが長くなるほど，幅がせまくなる」という結論をみちびくのは間違いだ。

実は，このCのグラフには，よく似た二つの品種のアヤメのデータが混在している。二つの品種を色分けしてみると（グラフD），どちらの品種のデータも，右肩上がり（正の相関）に分布していることがわかる。

実際には，どちらの品種のアヤメも，がくが長いほど幅も広い傾向があるのにもかかわらず，データを合わせたことで，逆の傾向があるかのように見えていたのだ。

このように，相関関係のグラフは，データをとる範囲によって，あやまった関係を見いだしてしまうことがある。グラフからxとyの関係について考える時は，入試の例のようにデータをしぼりこみすぎていたり，アヤメの例のように広くとりすぎていたりしないか，注意する必要がある。

C. アヤメのがくの長さと幅の相関のグラフ

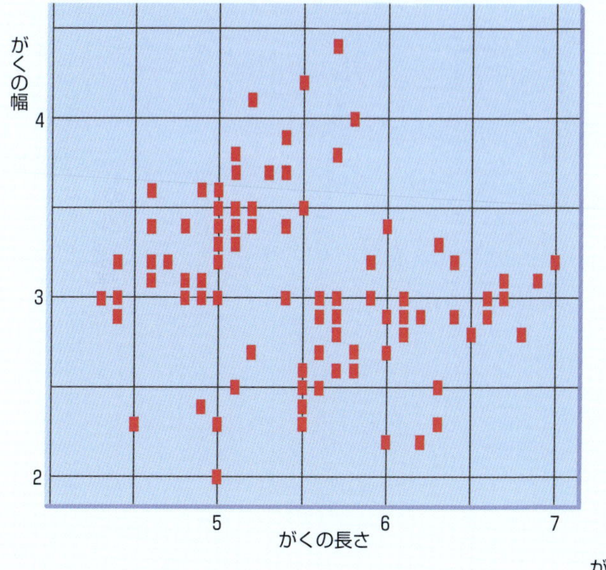

右肩上がりのはずなのに逆のグラフに!?

Cのグラフは，アヤメの花のがくの長さと幅の相関グラフである。全体的には，右肩下がりの傾向があるようにみえる。実は，このグラフは二つの品種のアヤメのデータでできている。品種ごとに色分けすると，Dのグラフのようになり，右肩上がりの傾向があらわれるのだ。

D. 2種を別々に見ると……

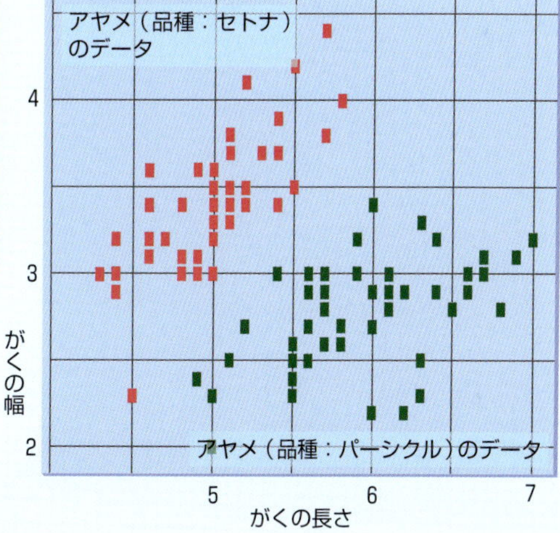

合格率は大学全体では男性が高く学部ごとでは女性が高い!?

理学部と医学部の二つの学部からなる，大学があるとする。ある年の入学試験では，男性受験者の合格率が53.6％だったのに対して，女性受験者の合格率は43.0％で，10ポイント以上も男性を下まわった。このデータからは，“女性が合格しにくい入学試験”という声が上がりそうである。ところが不思議なことに，学部ごとの合格率をみると，正反対の結論が得られた。理学部・医学部のどちらでも，男性受験者より女性受験者の

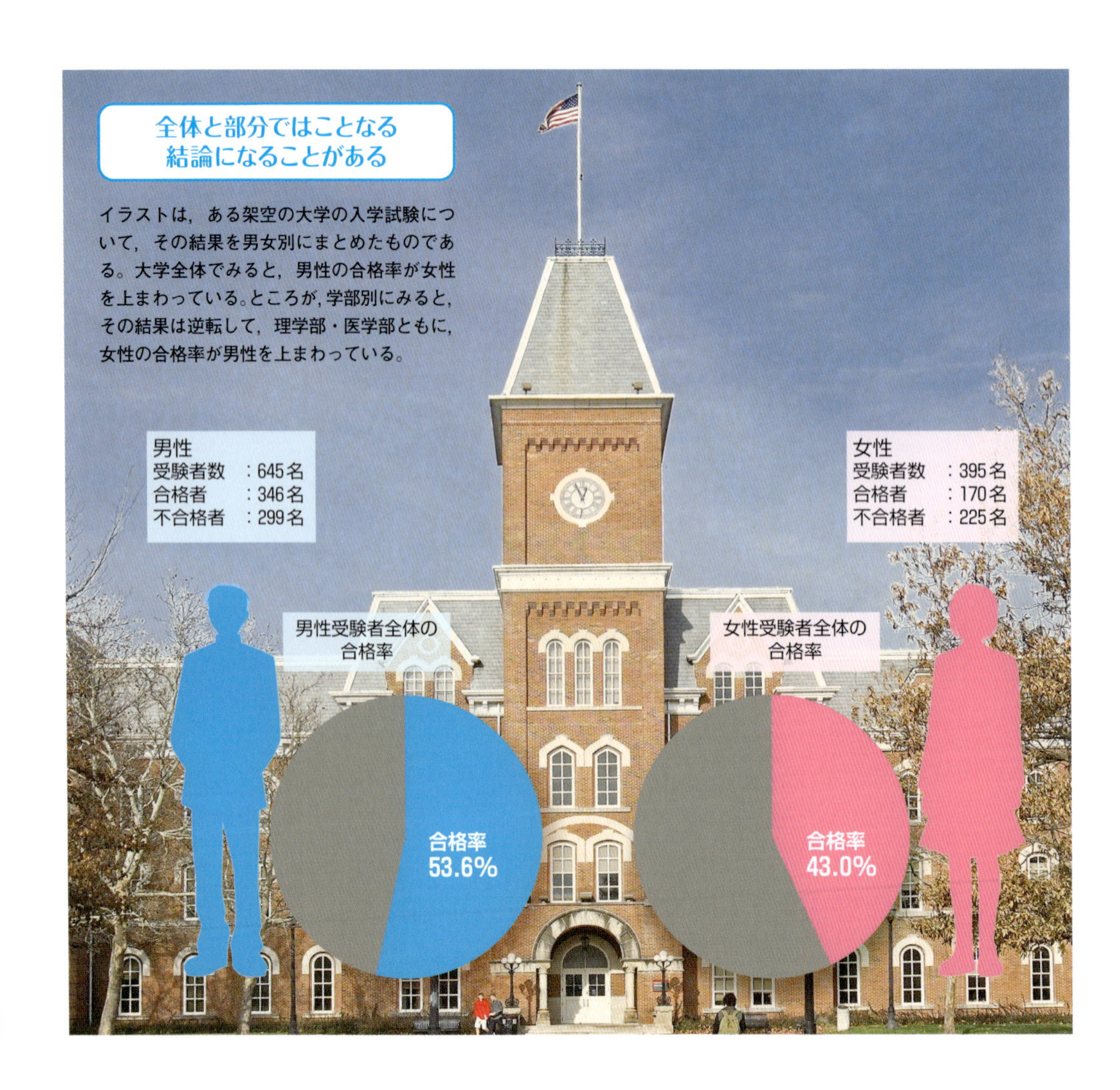

全体と部分ではことなる結論になることがある

イラストは，ある架空の大学の入学試験について，その結果を男女別にまとめたものである。大学全体でみると，男性の合格率が女性を上まわっている。ところが，学部別にみると，その結果は逆転して，理学部・医学部ともに，女性の合格率が男性を上まわっている。

ほうが，合格率が高かったのだ。

これは，「シンプソンのパラドックス」とよばれる現象である。イギリスの統計学者エドワード・シンプソン（1922 ～ 2019）が1951年にこのような例をあげて，全体に注目するか，それとも部分に注目するかによって，結論がことなる場合があることを指摘したのだ。

ここでは架空の入学試験（合格率）を例にしたが，実はこのパラドックスの実例といえそうな出来事が，アメリカ，カルフォルニア大学バークレー校でおきた。1973年の大学院入試で，女性の受験者の合格率が男性を9ポイントも下まわったのだ。ところが，学部ごとに調べると，6学部中4学部で，女性の合格率が男性を上まわった。これは，合格者の少ない学部を女性の方が受験しやすかったためだった。

一部の数字だけで全体を判断すると間違うこともある

このパラドックスは，全体か部分かのどちらかのデータだけを見ていると，適切な結論をみちびけない危険性があることを示唆している。また，このパラドックスを悪用すれば，自分に都合のよい主張をすることもできてしまう。

たとえば，「高所得者層も低所得者層も平均年収が増加しているのに，全体では平均年収が減少している」という現象がおきたとき，層別のデータからは「景気は上向き」，全体のデータからは「景気は下向き」と，正反対の主張ができる。データに基づいた主張だから信用できると考えてしまいがちだが，こうしたパラドックスがおこる可能性があることも覚えておきたい。

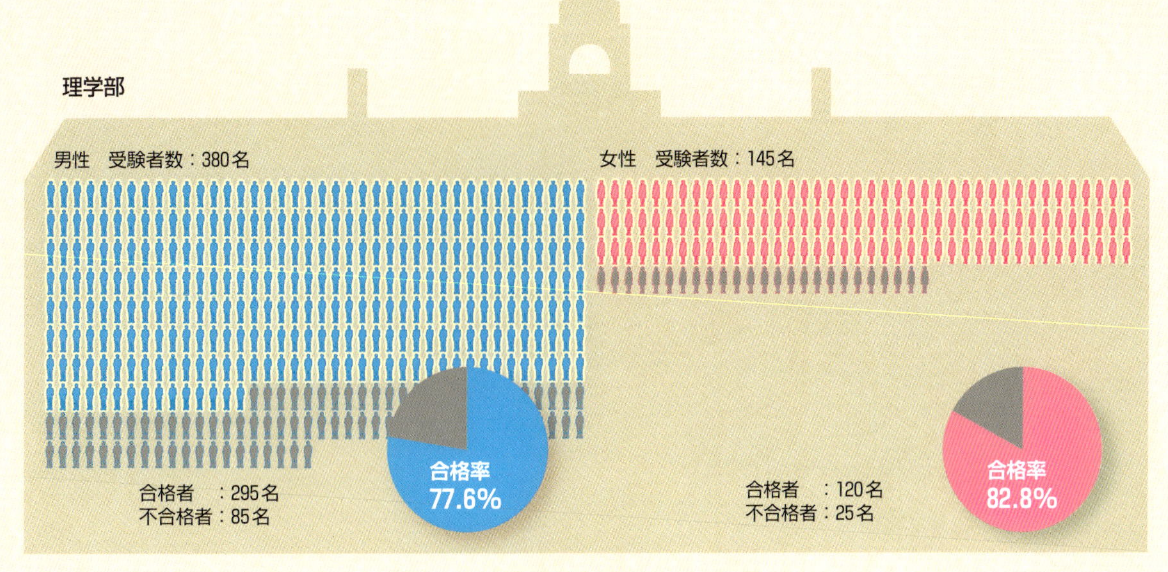

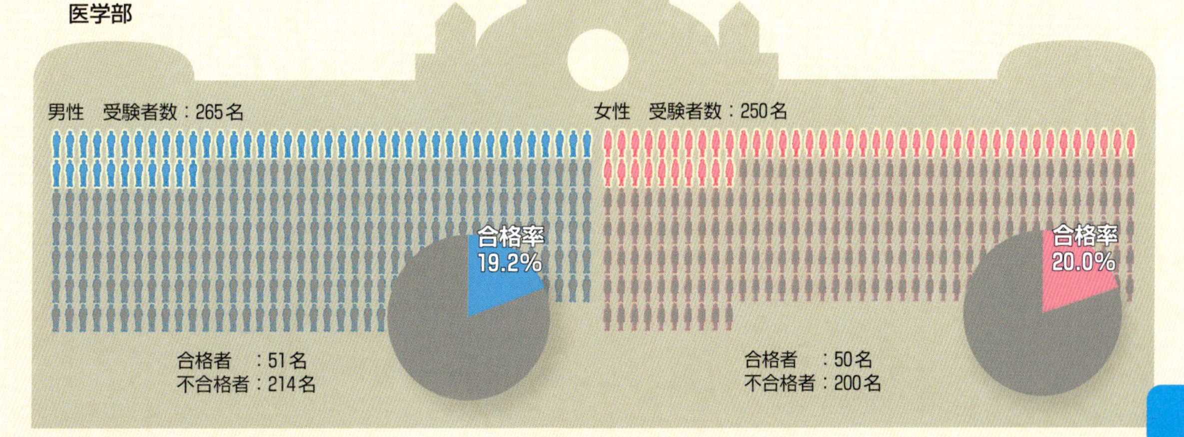

SECTION
79

Spurious correlation

擬似相関

アイスが売れると水難事故がふえるその裏にかくされた意味とは?

統計的な分析によって，二つの事象のあいだに関係がある，すなわち相関関係があることを示されると，そこに因果関係があると思いがちだ。しかし，注意しないと，間違った結論をみちびいてしまうことがある。たとえば，「アイスクリームの販売額がふえると，海水浴場での水難事故の件数がふえる」という統計データがあったとする。このことから，「アイスクリームの販売をひかえれば，水難事故がへる」と考えるのは間違いだ。

因果関係とは「原因」と「結果」の関係のことである。この場合，アイスクリームが売れたから水難事故がおきたわけではなく，たとえば「気温」という別の原因が，「アイスクリームの販売額」と「水難事故」のそれぞれに影響している可能性がある。気温が上がったことで，アイスクリームが売れると同時に，海で遊ぶ人もふえて水難事故も多くなったと推測できる。つまり，相関関係があるからといって，因果関係があるとは限らないのだ。

このように二つの事象それぞれに対して原因となる第三の事象（真の原因）があることで，直接的な関係がない二つの事象の間に因果関係があるようにみえることを「擬似相関」という。アイスクリームと水難事故の例では，二つの事象に直接的な関係がないことが明らかなため，その背後にある「真の原因」（この例では気温）に気づきやすいかもしれない。しかし，一見すると因果関係がありそうな場合でも，そこには別の「真の原因」がかくれていることがあるので注意が必要だ。

なお，二つの事象（x，y）の間に相関関係がみられる場合には，以下のような可能性がある。「真の原因」がある場合以外にも，さまざまな可能性があることに注意しよう。

1. x が原因，y が結果
2. x と y に相互的な因果関係
3. x が結果，y が原因
4. z（第三の事象）が真の原因で，x も y もその結果
5. 単なる偶然

もっともらしい関係でも裏には真の原因があるかもしれない

右ページの吹きだしの例は，相関関係の背後に真の原因がかくれている可能性があるものだ。「真の原因」を見抜くことはできるだろうか？　答えはこの下。

真の原因として考えられるのは以下のとおり。
A：年齢。男性は年齢を重ねると体重が増加する傾向がある。また，年齢を重ねると年収が上がる傾向がある。
B：経済的な豊かさ。豊かな国ほどチョコレートなどの嗜好品の消費が高く，教育や研究の予算や質も高くなることが考えられる。
C：年齢。子供は成長するにしたがい，靴のサイズが大きくなり，文章の読解力が上がる傾向がある。
D：人口密度。犯罪の検挙数は人口が多い地域ほど多い。また，図書館などの公共施設も，人口が多い街に多い。

A

日本人男性の年収と体重には
相関関係がある。
体重が重い人ほど，
年収が高い傾向がみられる。

B

チョコレートの消費量が
多い国ほど，ノーベル賞
受賞者の数が多い。
チョコレートの成分が
脳のはたらきを
高めるのかもしれない……。

C

靴のサイズが大きい子供は，
文章の読解能力が高い。
だから足を見れば，
その子の読解力がわかる。

D

図書館が多い街ほど，
違法薬物の使用による
検挙数が多い。
街にもう一つ
図書館をつくったら，
薬物使用の犯罪が
ふえるかもしれない……。

SECTION
80

Regression fallacy

回帰の誤謬

平均にもどっただけなのに特別な理由があると思いこむ

コラム
COLUMN

「スポーツ・イラストレイテッド」の呪い

回帰の誤謬にもとづく誤った信念は，スポーツの世界でよく見られる。有名な例の一つが，アメリカのスポーツ月刊誌『スポーツ・イラストレイテッド』にまつわるジンクス（“呪い”）だ。この雑誌の表紙のモデルとして登場した選手やチームは，その後に成績が悪くなることが広く信じられている。

アメリカの競泳選手シャーリー・ババショフは，1972年のオリンピックで三つのメダルを獲得したことから，1976年のオリンピックでも活躍が期待されていた。そのためババショフは1976年の大会前に『スポーツ・イラストレイテッド』誌の表紙モデルとしてとりあげられる予定だったが，ジンクスをおそれて何度も撮影を断ったことが知られている。

同誌の表紙に登場する選手は，多くの場合，直前の試合やシーズンで特別によい成績を残した選手である。そのようなよい成績を残した選手は，「平均への回帰」により，次の試合やシーズンで成績が下がることが予想される。つまり，雑誌の表紙に登場した選手の成績がその後に悪くなるのは当然の傾向だ。しかし，人々はこの成績の低下の原因をジンクスに求めてしまうのである。

出典：ギロビッチ（著），人間 この信じやすきもの，1993，新曜社

プロ野球などで，1年目に活躍した新人選手が2年目に活躍できなくなることを「2年目のジンクス」という。2年目のジンクスがおこる理由は，「平均への回帰」という統計学的な現象によって説明できる。スポーツに限らず，テストや営業などの成績も，結果を測定しつづけると平均値付近に収束することがわかっている。測定の途中では，結果が偶然，平均よりも大幅に上まわることもあれば，大幅に下まわることもある。

つまり，新人選手の2年目の成績が1年目より低いことが多いのは，たんに平均値に近づいたとも考えられる。しかし，私たちは成績が下がった選手を見て，「何か理由があって下がったにちがいない」と考え，さまざまな憶測をしがちである。このように，平均への回帰で説明できることに対して，実際には関連しない別の理由を結びつけてしまうことを「回帰の誤謬」という。

回帰の誤謬は，私たちの日常でもよく見られる。たとえば職場で，成績の悪い新人の部下を上司が叱ったら，その後，部下の成績が上がったとしよう。するとその上司は，「部下の成績が上がったのは自分が叱ったからだ」と考えるかもしれない。しかし，それはたんに部下の成績が平均値に近づいただけで，上司の態度と部下の成績には何の因果関係もないこともある。

また，人は仕事でも勉強でも，最初に失敗すると「自分には実力がない」と落ちこみがちだが，これも回帰の誤謬の可能性がある。つまり，最初の成績が悪かったのは偶然で，平均で見たときの成績（実力）はもっと高いと考えることもできるだろう。

連続で黒が出たら，次は赤が出る確率が高くなる!?

ある日，ギャンブラーがカジノでルーレットをしていた。ルーレットのルールは，まわる盤の中に玉を一つ落として，玉が赤と黒のどちらのボックスに落ちるかを予想して賭けるという単純なものである。ルーレットには同じ数の赤と黒のボックスがあるから，どちらに賭けても，あたる確率は50％だ。

さて，1ゲーム目の結果は黒だった。そして次の2ゲーム目の結果も黒，3ゲーム目も黒，4ゲーム目も黒，なんと5ゲーム目も黒が続いたとする。ギャンブラーは，そのルーレットにイカサマがないことを確認している。そこでギャンブラーは「6回連続で黒が出る確率は，そう高くないはずだ。そろそろ赤が出るだろうから次は，

ルーレットのルール

・玉が赤と黒のどちらのボックスに落ちるかを予想して賭ける。
・ルーレットには同じ数の赤と黒のボックスがある。

ルーレットで5回連続で黒が出た！

1回目	2回目	3回目	4回目	5回目	6回目
黒	黒	黒	黒	黒	?

次こそは赤？

赤に賭けて大金をつぎこもう」と考えた。はたしてギャンブラーのこの考えは正しいのだろうか？

過去の結果は未来の確率には影響しない

結論からいうと，このギャンブラーの考えは誤りである。赤と黒の出る確率が半々のルーレットであれば，過去の結果に関係なく，赤または黒が出る確率はいつでも50％だ。6回連続で黒が出る確率が低いのではないかというギャンブラーの考えは，数字であらわせば下のイラストのような計算にもとづくものだ。しかし，この考え方でみちびきだせるのは，あくまでも「6回連続で黒が出る確率」であり，「次に黒が出る確率」ではない。次に黒が出る確率も，赤が出る確率と同様に50％なのだ。過去の結果は未来に影響しない。

確かに同じことが立て続けにおきると，「次こそは違うことがおきるのでは?」と思うことがあるかもしれない。このような錯覚は，「ギャンブラーの誤謬」とよばれている。たとえば，スポーツ観戦などでも，ずっと負け続けている（または勝ち続けている）と，今回は勝つだろう（または負けるだろう）と思うことがあるだろう。

ギャンブラーの誤謬

6回連続で黒が出る確率は，

$$\frac{1}{2}\times\frac{1}{2}\times\frac{1}{2}\times\frac{1}{2}\times\frac{1}{2}\times\frac{1}{2}=\frac{1}{64}$$

つまり，1.5625％しかない。ということは，次に赤が出る確率は，98％以上！　よし赤に大金をつぎこもう。

この考えは誤り（ギャンブラーの誤謬）だ。1.5625％という値は，あくまでも「6回連続で黒が出る確率」であり，「次に黒が出る確率」ではない。

正しい確率は$\frac{1}{2}$
赤と黒の確率が$\frac{1}{2}$のルーレットであれば，過去の結果に関係なく，いつでも$\frac{1}{2}$の確率で赤が出る。次に黒が出る確率も，同様に$\frac{1}{2}$だ。過去の結果は未来に影響しない。

SECTION 82

選択を変えたほうが確率が上がる!?

Monty Hall problem

モンティ・ホール問題

モンティ・ホール問題とよばれる"難問"を紹介しよう。なお,「モンティ・ホール」とは,1960年代にはじまったアメリカのテレビ番組「*Let's make a deal*」の司会者をつとめた俳優の名前である。司会者と,賞品獲得を目指す出演者(挑戦者)とのかけ引きが,この問題のもとになっている。

挑戦者の前には3枚のドアA, B, Cがある。どれか一つのドアの後ろには,豪華な賞品がかくされているが,残りの二つのドアはハズレで,開けるとヤギがいる。司会者は当たりのドアを知っているが,挑戦者は知らない。

たとえば,挑戦者がドアAを選ぶと,司会者は,残された2枚のうちドアBを開け,それがハズレであることを挑戦者に見せる。ここで司会者は,挑戦者にこうもちかける。

「はじめに選択したドアAのままでも結構。ですが,ここでドアCに変更してもかまいませんよ」。さてここで挑戦者は,選択を変更すべきだろうか,それとも最初の選択のままにしておくべきだろうか?

直観では選んだドアと残ったドアの当たる確率は同じだが…

Bはハズレなので,残るはAかCかの2択だ。ならば,Aが当たりである確率は2分の1で,Cが当たる確率も同じく2分の1であるから,変えても変えなくても同じ,と考える人が多い

3枚のドアのうち,当たりはどれ?(モンティ・ホール問題)

【状況1】挑戦者がドアAを選ぶ

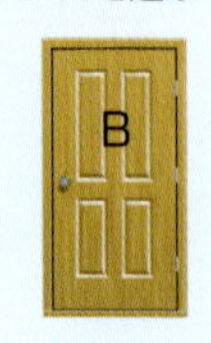

【状況2】司会者がドアBを開く(ドアCを残す)

【状況2】において,「Aが当たる確率」と「Cが当たる確率」を計算すると?

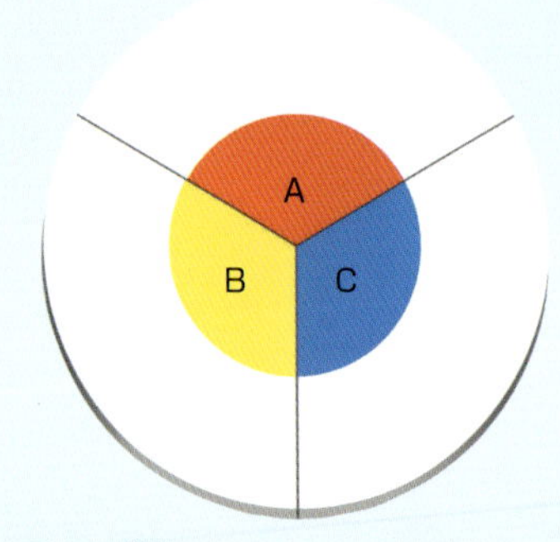

<ステップ1>
【状況1】では,「Aが当たり」,「Bが当たり」,「Cが当たり」の確率はどれも3分の1。このことを,内側の円グラフを3等分して示す。この例では,挑戦者はAを選んだ。

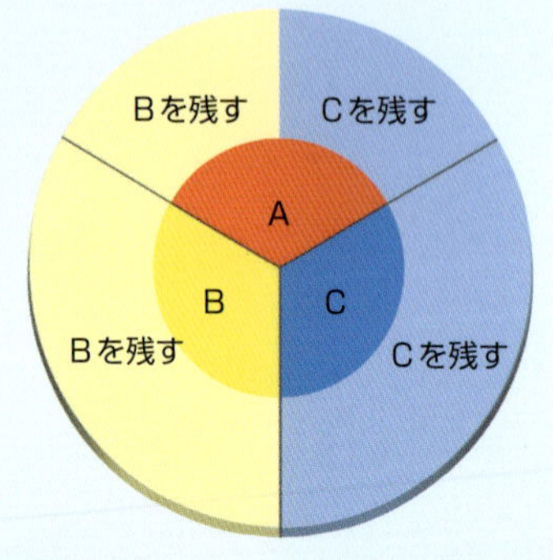

<ステップ2>
当たりを知っている司会者がどのドアを残すかを考える。「Aが当たり」ならBかCを残す(どちらを選ぶかは等確率とする)。「Bが当たり」なら必ずBを,「Cが当たり」なら必ずCを残す。これを外側の円グラフに示すと上のようになる。

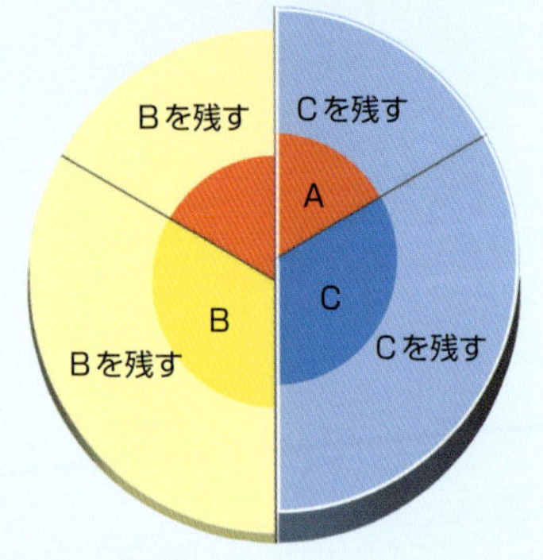

<ステップ3>
この例では,【状況2】でCが残された(上の円グラフで厚くした部分)。この状況で「Aが当たり」の確率は3分の1で,「Cが当たり」の確率は3分の2になる。

のではないだろうか。

確率で考えると，正解は「Cに変更する」である。この状況下では，Aが当たる確率は3分の1だが，Cが当たる確率は3分の2となる，というのが正しい確率なのだ。

1990年にアメリカの雑誌『パレード』のコラムでこの問題と正解が紹介された際には，「その答えは間違いだ」との投書が殺到したという。

極端な例で考えてみると理解しやすいというけれど…

選択を変更すべき理由は，次のとおりだ。司会者がBを開く前には，Aが当たりである確率は3分の1で，Aがハズレである確率は3分の2。つまり，3分の2の確率で，BかCのどちらかが当たりということだ。しかし，今や司会者は，Bがハズレであると教えてくれた。したがって，3分の2の確率でCが当たりである。しかし，釈然としない，という方も多いだろう。

そこで，今度はドアの数を3枚から5枚にふやした場合を考えよう。ドアA ～ Eのうち1枚が当たりである。挑戦者がドアAを選ぶと，司会者はドアB，C，Dを次々に開いて見せ，それらがすべてハズレであることを挑戦者に教える。このとき確率的に，最初に選んだAのままが有利か，あるいは開かれずに残ったEに変更したほうが有利か，という問題だ。

こうなると，「A以外の当たりの可能性がEに“凝縮”された」と感じる人も多いだろう。

もっと極端にして，ドアの数を100万枚にふやして考えてみよう。「100万枚の中から挑戦者が当てずっぽうで選んだ1枚のドア」と，「挑戦者が選ばなかった99万9999枚の中から1枚だけ残されたドア」の二者択一ということになれば，後者の確率のほうが高いと感じられるはずだ。

それでも納得できない人は，自分で実験してみるのがいちばんだ。赤1枚，黒2枚のトランプを使って，モンティ・ホール問題と同じ問題，つまり赤のカードを当てるゲームを2人組でくりかえしてみよう。100回ほどくりかえしてデータをとれば，別のカードに変更したときの勝率が，3分の2に近い値になることが確認できるはずである。

ドアを5枚にふやすと？

【状況1】挑戦者がドアAを選ぶ

【状況2】司会者がドアB，C，Dを開く（ドアEを残す）

【状況2】において，「Aが当たる確率」と「Eが当たる確率」を計算すると？

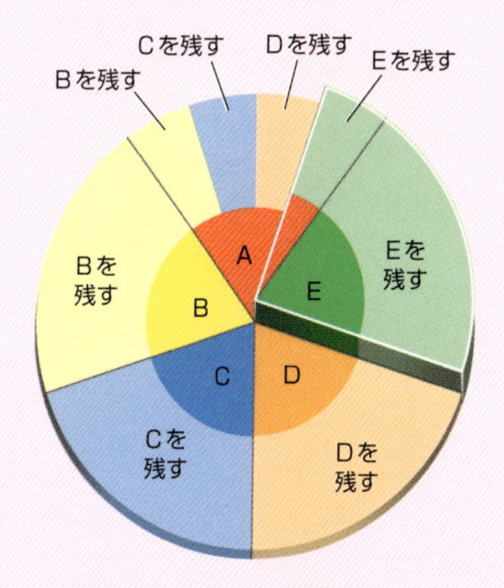

ドアが3枚の場合と同様に考えると上の円グラフができる。司会者がEを残した状況の中で，「Aが当たり」の確率は5分の1で，「Eが当たり」の確率は5分の4である。

「精度99%の検査で陽性」の本当の意味とは？

確率を使った説明は日常生活でもよく見かける。しかしなかには，実際の確率の値と，その値に対する感覚（受け止め方）との間に，ずれが生じることがある。ここではそのような例を紹介する。

致死率の高いとされるたちの悪い新型のウイルスが発生し，すでに1万人に1人の割合で感染しているとする。心配になったあなたは，このウイルスに感染していないかを調べるために，検査を受けに行く。医者からは「この検査の精度は99%であり，誤った判定が出る可能性はわずか1%です」という説明を受けた。そしてあなたの検査の結果は，不幸にも「陽性」だった。

あなたは，99%という高い精度をもつ検査で陽性と判定されたのだから，ウイルスに感染しているのはほぼ確実だと考えるのではないだろうか。しかし，実は本当に感染している確率は1%にすぎないのだ。

たとえば，100万人がこの検査を受けたとする。ウイルスの感染率は1万人に1人なので，100万人の中には100人の感染者がいるということになる。精度99%の検査は，この100人の感染者のうち，平均して99人を，正しく「陽性」と判定し，残りの1人を，誤って「陰性」と判定し

感染者が1万人に1人しかいない，めずらしい病気の場合

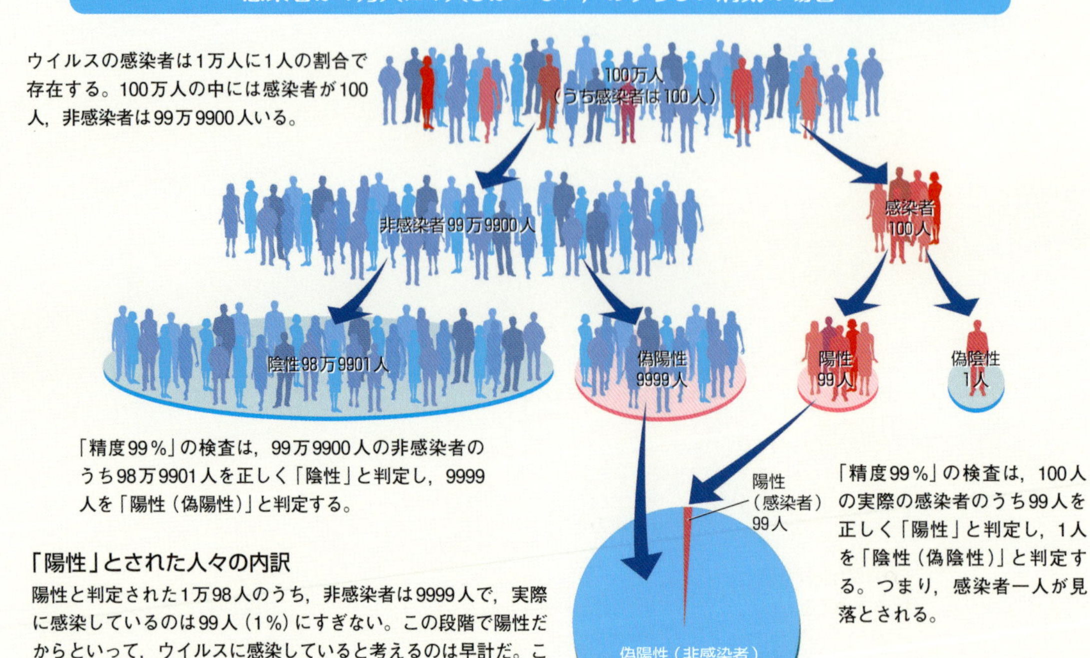

ウイルスの感染者は1万人に1人の割合で存在する。100万人の中には感染者が100人，非感染者は99万9900人いる。

「精度99%」の検査は，99万9900人の非感染者のうち98万9901人を正しく「陰性」と判定し，9999人を「陽性（偽陽性）」と判定する。

「精度99%」の検査は，100人の実際の感染者のうち99人を正しく「陽性」と判定し，1人を「陰性（偽陰性）」と判定する。つまり，感染者一人が見落とされる。

「陽性」とされた人々の内訳

陽性と判定された1万98人のうち，非感染者は9999人で，実際に感染しているのは99人（1%）にすぎない。この段階で陽性だからといって，ウイルスに感染していると考えるのは早計だ。この1万98人を対象にさらに別の検査を行い，感染者をしぼりこむ必要がある。

てしまうということだ。これが「偽陰性」である。

一方，100万人の中の非感染者の数は，100万人－100人（感染者）＝99万9900人だ。精度99％の検査は，99万9900人の99％にあたる98万9901人を，正しく「陰性」と判定し，99万9900人の1％にあたる9999人を，誤って「陽性」と判定してしまうということである。これは「偽陽性」だ。

結局，陽性と判定される人の合計は99人（陽性）＋9999人（偽陽性）＝1万98人となる。しかし，そのうち実際に感染しているのは99人にすぎない。これは，陽性と判定された人のわずか1％である。

つまり，この検査で「陽性」と判定されたとしても，感染しているとは限らないということだ。検査を受ける前には0.01％（1万人に1人）だった確率が，「検査で陽性と判定されたこと」（＝あとから生じた出来事）によって，1％（100人に1人）に増加したのだ。また，もし陰性と判定されたとしても，98万9902人に1人（0.0001％）は実際は感染しているということになる。ウイルスの感染をはじめ，健康診断などの検査で「再検査」が重要なのは，こうした事情による。

なお，偽陽性と判定される人が陽性の人よりも多くなるのは，非常にめずらしい病気の場合だ。もし，半数の人が感染している病気について，精度99％の検査を行うと，偽陽性と判定される人は5000人，本当に陽性の人は49万5000人となり，後者が多数派になる。同じように「精度が99％」の検査であっても，病気がどれくらいめずらしいかによって，陽性と判定された人のうちの感染者の割合は大きく変わるのだ。

確率は直観でとらえがちである。しかし，ここで紹介した例のように，確率はある条件にもとづいて算出されているということを知っておくだけで，検査結果に対する誤解が減るかもしれない。

2人に1人が感染する，ありふれた病気の場合

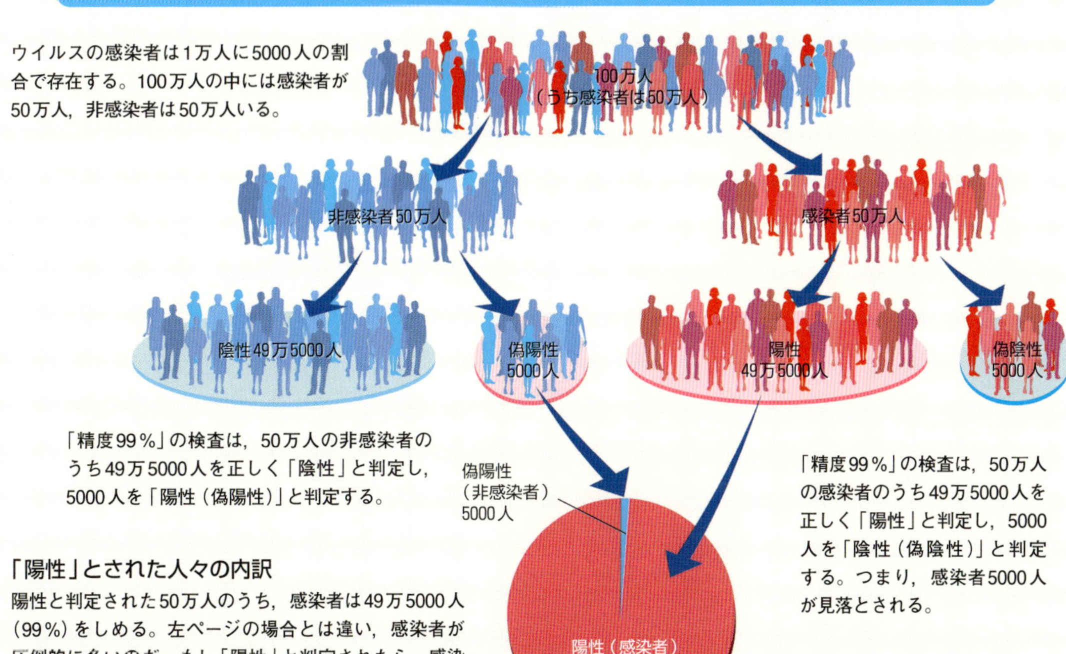

「陽性」とされた人々の内訳

陽性と判定された50万人のうち，感染者は49万5000人（99％）をしめる。左ページの場合とは違い，感染者が圧倒的に多いのだ。もし「陽性」と判定されたら，感染している可能性が高いということだ。

COLUMN

同じ5%の増加でも「100%に上がる増加」はよりうれしく感じる

ショッピングモールで,「くじで,当たったら1万ポイントがもらえます」と書かれたくじ引き券を店員からもらった。当選確率は,その都度,変化するようだ。仮に当選確率が以下のように変化するとした場合,あなたはどの場合がいちばんうれしいと感じるだろうか。

①95%から100%に上がる
②60%から65%に上がる
③5%から10%に上がる
④0%から5%に上がる

いずれの場合も当選確率は5%上がっているが,②や③の変化にくらべて,①の95%から100%に上がる場合と,④の0%から5%に上がる場合はより喜ばしく感じられたのではないだろうか。①のように,いくらか不確実だった出来事が,確実な出来事になったときに大きな変化があったように感じられることを「確実性効果」という。また,④のように,まったく可能性がなかった出来事が,少しでも可能性がある出来事になったときに大きな変化があったように感じられることを「可能性効果」という。

このように,確率の変化が客観的には同じであっても,100%や0%の近くでは過大評価する傾向がみられる。

100%確かでないと安心できない

くじに当選するというよい出来事だけでなく,よくない出来事の場合でも確実性効果や可能性効果は見られる。「手術は100%成功します」といわれると安心できるが,「手術は98%の確率で成功します」といわれた場合は,わずかながら失敗する確率が頭をよぎり,不安になるのではないだろうか。また,投資で「元本割れするリスクが0%」といわれる場合と「元本割れするリスクが2%」といわれる場合でも,印象は大きくことなるだろう。

このような人間が感じる主観的な確率のゆがみについては,ダニエル・カーネマン(1934~2024)とエイモス・トベルスキー(1937~1996)が提唱した「プロスペクト理論」(78ページ)の確率加重関数(右ページのグラフ)などで説明される。

成功しないわずかな確率が気になる

手術の成功確率が限りなく高くても,100%でないと安心できないかもしれない。

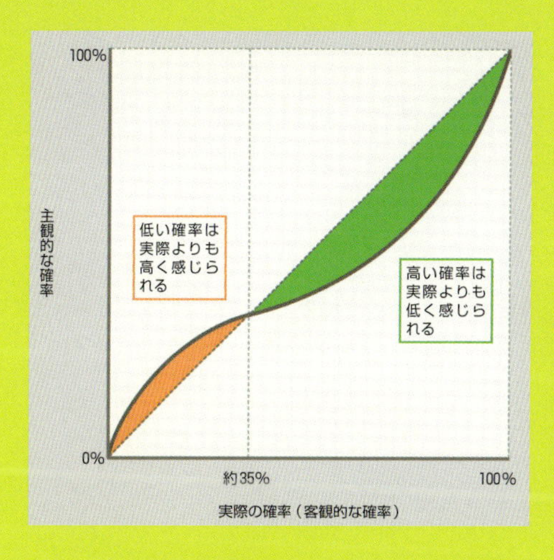

確率加重関数

「プロスペクト理論」を構成する考え方の一つに，「確率加重関数」がある。これによると，35％付近を境に確率の感じ方（主観的な確率）は変わり，客観的な確率が低い場合は過大評価され，高い場合は過小評価される傾向がある（左のグラフ）。ただし，0％と100％は主観的な確率と客観的な確率が一致するため，これらの確率への変化は特別な意味をもつと考えられる。

Check!

基本用語解説

あ

アイデンティティ
自我同一性ともいう。発達に応じて身体的変化などが生じたとしても自分は同じ人間であるという連続的感覚のこと。所属する集団や社会的役割によって定義されることもある。

因果関係／相関関係
因果関係とは原因と結果の関係のこと。二つの事象（X，Y）の間に関連がみられるとき相関関係があるというが，相関関係があるからといって因果関係が成立するとは限らない。

エコーチェンバー
SNSや電子掲示板は，類似した興味や価値観をもつユーザーが集まる。そのため，特定の意見や考えが否定されることなく，増幅していく。このような現象を，音の反響をつくりだす反響室（エコーチェンバー）にたとえたもの。

オプトアウト／オプトイン
オプトは（選択肢の中から）「選ぶ」という意味。アンケートや注文などで☑を入れる場合をオプトイン，逆に最初から入っている☑を外す場合をオプトアウトという。

か

感情／情動／気分
感情の中でも，恐怖や怒り，喜びといった強度が強く生理的反応をともなう状態を情動とよび，強度の弱い状態を気分とよぶ。

記憶
覚えること（符号化），覚えておくこと（保持），思いだすこと（検索）といった一連のプロセスをさす。

期待値
おこりうる事象で得られる値（たとえば，1万円か0円か）とそれがおこる確率の積を足し合わせたもの。1万円があたる確率が5%のくじを引いたときの期待値は，1万円×5% ＋ 0円×95% ＝ 500円になる。

偽陽性／偽陰性
検査などで，陰性であるにもかかわらず誤って結果が陽性になることを偽陽性，逆に陽性であるにもかかわらず誤って結果が陰性になることを偽陰性という。

虚偽自白
犯してもいない罪を認めること。虚偽の自白は第三者を守るために自発的になされることもあれば，尋問技術によって強制的に誘導されることもある。

原因帰属
出来事や行動の原因を推測すること。単に帰属ともいう。原因は内的要因（性格や能力など）と外的要因（状況など）に大別される。原因を何に求めるかは，その出来事や行動が成功に関することか失敗に関することか，また自分の行動か他者の行動か，あるいは個人の行動か所属する集団の行動か，などでことなる。

固定観念
凝り固まった考え方のこと。国や組織，年齢などの社会的カテゴリーがもつ共通の特徴を単純化した固定観念は「ステレオタイプ」とよばれる。

さ

錯視
物理的な情報（色，明るさ，長さ，大きさなど）と実際の見え方がことなること。錯視は視覚の錯覚のことだが，視覚に限らず，聴覚や触覚など他の知覚においても特有の錯覚がみられる。

サクラ
一般には，イベントなどで関係者から頼まれて特定のふるまいをする人のこと。心理学の研究では，事前に特定の反応や行動をとるように実験者から依頼された偽の参加者のことをさす。

自己中心性バイアス
自分がもっている情報や経験を基準に，他者の考えを推測することによって生じるバイアス。代表例に，「スポットライト効果」や「透明性の錯覚」がある。

自己呈示
相手が自分に対して特定の印象を抱くように，自分の姿を相手に伝えること。あえて否定的な印象を相手に抱かせることで，自分に有利な状況をつくろうとすることもある。

自尊心
自己に対する肯定的な考え方。自分自身を価値あるものと考えているほど，自尊心が高いとされる。自尊心を高く保つことは，個人の健康状態を維持する上で重要な要素だと考えられている。

実験参加者
実験者が設定した課題を行う人。被験者とよぶ場合，実験者との主従関係を連想させることから，現在では実験参加者という呼称を用いることが一般的である。

社会システム
社会，経済，政治的体制。もしくは，組織化された社会的な枠組み全般をさす。

集団
二人以上の人によって構成される集合体。持続的な相互作用がある，規範（決まり）がある，共通の目標をもっている，役割の分担がある，集団への愛着がある，などさまざまな特徴がみられる。

信念
ある対象に対する認識や価値づけ。個々人の中にあり，思考を助けるはたらきをするとともに，他者との相互作用を通じて，社会の中で広く共有される場合もある。

心理学
人間の「心」のしくみやはたらきを，実験や調査といった手法を用いて実証的に調べる科学の一分野。物理学で「物」の理を探るのと同様，心理学では「心」の理を探る。

心理的リアクタンス
自分の行動や選択の自由が制限されたと感じたときに，失われた自由を回復するために，あえてその行動を行いたくなること。「希少性バイアス」が生じる原因の一つと考えられている。

絶対評価／相対評価
相対評価が他者との相対的な位置により個人を評価する方法であるのに対し，絶対評価は他者との比較は行わず，決まった基準にもとづいて評価する方法。相対評価では，優秀な人が多いと自分の評価は低くなるが，絶対評価では，他者の成績によって自分の評価は左右されない。

ゼロサム／ノン・ゼロサム
だれかが得をしたら，それと同じ分だけだれかが損をして，差し引きの合計（サム）がゼロになること。人には，ノン・ゼロサムの状況であっても，ゼロサムととらえる「ゼロサム・バイアス」がある。

た

対人関係
個人と個人の間の相互作用によって生じる，持続的な結びつき。友人関係，恋愛関係，親子関係，夫婦関係など，さまざまなものが含まれる。「人間関係」も同様の意味で用いられるが，集団と個人の関係も含んでおり，より広い概念をさす。

態度
ある特定の対象（人・もの）への行動の準備状態。「良い一悪い」「好き一嫌い」「接近一回避」などの評価が含まれる。パーソナリティ（性格）のように，個人の中である程度の安定性，一貫性をもっているが，対象ごとに個別に形成されるという点で，パーソナリティとはことなる。

知覚
感覚器官を通してもたらされた情報をもとに，外界の対象の性質，形態，関係および身体内部の状態を把握するはたらきのこと。

知能指数
知能検査の結果をあらわす指標の一つで，一般にIQ（Intelligence Quotient）とよばれる。IQの算出方法は，（検査結果から判定される精神年齢／実年齢）×100で，精神年齢と実年齢が同じ場合にIQは100になる。

デマ
デマゴギーの略で，本来は，敵対する相手をおとしめるために，政治的な意図をもって流す虚偽の情報のことをさす。日常語では，偽りのうわさという程度の意味で用いられる。インターネット上に流れるこの意味でのデマは，フェイクニュースとよばれることもある。

同調圧力
社会や集団の決定やルールに，個人の考え方や行動を合わせることを求める周囲からの圧力。直接同調を求められなくても，個人が暗黙のうちに圧力を感じとり，自らの行動を周囲に合わせることもある。

な

内集団／外集団
国や組織，年齢などの社会的カテゴリーによって人を特定の集団に分類したとき，自分が属している集団のことを「内集団」，自分が属していない集団のことを「外集団」という。

認知バイアス
知覚をはじめ，記憶や判断といった思考（考え方）のことを総称して認知という。バイアスはゆがみや偏りのことで，認知バイアスとは「思考のゆがみや偏り」をさす。「考え方のくせ」ともいえる。

は

判断／意思決定
判断と意思決定はほぼ同義であるとして，併記されることも多い。両者の区別は曖昧だが，判断は特定の対象についての見積もりや評価をさし，意思決定は複数の選択肢を比較して一つのものを選ぶことをさす場合が多い。

ヒューリスティック
論理的に考える段階をへずに直観的に結論に至る方法のこと。短時間で判断できるというメリットがあるが，バイアスを生むこともある。「代表性ヒューリスティック」や「利用可能性ヒューリスティック」がよく知られている。

フィルターバブル
インターネットでは，利用者の閲覧履歴に沿って，情報がフィルターにかけられる。その結果，まるでバブル（泡）の中に自分が隔離されているかのように，興味関心に合わない情報や，対立する意見を目にすることがなくなってしまうこと。

フェイクニュース
インターネットなどで拡散される虚偽（フェイク）のニュースのこと。だますことを意図した情報（偽情報）だけでなく，だます意図のない間違った情報（誤情報）も含まれる。

プロスペクト理論
人は，しばしば期待値から予測されるとおりには選択しない。このような合理的ではない意思決定の特徴を説明したのがプロスペクト理論である。たとえば，人は何かを得ることへの期待よりも，失うことへの恐怖が大きく，損失を回避する選択肢が選ばれやすい。

平均値／中央値／最頻値
いずれも収集したデータの中心傾向をあらわす値で，全データを足してデータ数で割った平均値が最もよく使われる。ただし，平均値は外れ値の影響を受けやすいことから，データの分布に偏りがある場合には，中央値（データを昇順もしくは降順に並べたときに中央に位置する値）や，最頻値（出現頻度が最も高い値）が使われる。

偏見
偏った見方や，それにもとづく否定的な評価のこと。人種や性別などの社会的カテゴリーに対する固定観念（ステレオタイプ）は偏見を生むことがある。

ま

メタ認知
メタは「高次の」という意味の接頭辞で，メタ認知とは，自らの認知について認知することをさす。自分を客観視するために必要な能力とされている。

盲検法
データを収集・解析する際に，実験者側や参加者側に生じるバイアスを統制する手法。たとえば，新薬の治験では，誰が本物の薬を投与され，誰が偽の薬を投与されているかなどの情報をふせる。

目撃証言
事件や事故を目撃した者が法廷等で証言する内容のこと。物的証拠がない事件や事故では重要な証拠になりうるが，認知バイアスにより記憶に歪みが生じ，えん罪を生む可能性が危惧されている。

モチベーション（動機づけ）
行動を一定の方向に駆り立て，持続させる心のはたらきのこと。やりがいや好奇心など，行動の原動力がその人の内部にあるものは，内発的動機づけとよばれる。

Index

▼索引

A～Z

あ

か

ま

や

ら

Staff

Editorial Management	中村真哉	Design Format	小笠原真一（株式会社ロッケン）
Editorial Staff	竹村真紀子	DTP Operation	真志田桐子，鈴木 愛，髙橋智恵子
Cover Design	小笠原真一，北村優奈（株式会社ロッケン）	Writer	尾崎太一

Photograph

005～006	VectorMine/stock.adobe.com
007	【一番上】Nuthawut/stock.adobe.com，【ほか】VectorMine/stock.adobe.com
008-009	VectorMine/stock.adobe.com
016-017	Digital art/stock.adobe.com
017	Marta Sher/stock.adobe.com
020	ulkas/stock.adobe.com
021	nullplus/stock.adobe.com
022	KatMoy/stock.adobe.com
027	EwaStudio/stock.adobe.com，Microgen/stock.adobe.com
028-029	peopleimages.com/stock.adobe.com
029	Andrzej Fryda/stock.adobe.com
031	Olena Shtei/stock.adobe.com，desidesidesi/stock.adobe.com，beben/stock.adobe.com，（画像合成：秋廣翔子）
033	Nuthawut/stock.adobe.com
036-037	VectorMine/stock.adobe.com
044-045	Sergei Fedulov/stock.adobe.com
046	Nicola K/peopleimages.com/stock.adobe.com，Wedding photography/stock.adobe.com，maru54/stock.adobe.com
048-049	zoommachine/stock.adobe.com
050	peshkova/stock.adobe.com
051	SurachaiPung/stock.adobe.com
056-057	LIGHTFIELD STUDIOS/stock.adobe.com
058-059	The Cheroke/stock.adobe.com
060-061	PikePicture/stock.adobe.com，brizmaker/stock.adobe.com（画像合成：制作室 岡田悠梨乃）
062-063	【上，吹き出し内】Syda Productions/stock.adobe.com，【上】LIGHTFIELD STUDIOS/stock.adobe.com，【下，吹き出し内】yamasan/stock.adobe.com，【下】Andrii Zastrozhnov/stock.adobe.com，（画像合成：秋廣翔子）
066-067	Nuthawut/stock.adobe.com
070-071	dzono/stock.adobe.com
076-077	gukodo/stock.adobe.com
080-081	travelview/stock.adobe.com
082-083	cunaplus/stock.adobe.com
084-085	Charlie's/stock.adobe.com
085	vchalup/stock.adobe.com
086-087	terovesalainen/stock.adobe.com
087	s_fukumura/stock.adobe.com
091	【上】BillionPhotos.com/stock.adobe.com【下】ロイター／アフロ
092-093	Roman/stock.adobe.com
094	greenoline/stock.adobe.com
094-095	Halfpoint/stock.adobe.com
096-097	pressmaster/stock.adobe.com
098-099	zephyr_p/stock.adobe.com
099	Paylessimages/stock.adobe.com
100-101	Milovan Zrnic/stock.adobe.com
102	freehand/stock.adobe.com
102-103	moonrise/stock.adobe.com
104-105	sosiukin/stock.adobe.com
108-109	Philip Steury/stock.adobe.com
110-111	【背景】lovelyday12/stock.adobe.com，【上，囲み内】peopleimages.com/stock.adobe.com，【下，囲み内】paru/stock.adobe.com，（画像合成：秋廣翔子）
113	Aleksei Demitsev/stock.adobe.com，Olivier Le Moal/stock.adobe.com
114-115	VectorMine/stock.adobe.com
117	polkadot/stock.adobe.com，LIGHTFIELDSTUDIOS/stock.adobe.com
120	matiasdelcarmine/stock.adobe.com
121	Drazen/stock.adobe.com
122-123	takasu/stock.adobe.com
124-125	LStockStudio/stock.adobe.com
126～127	【自由の女神】Beboy/stock.adobe.com，【東京タワー】kurosuke/stock.adobe.com，【人物シルエット】Olena Shtei/stock.adobe.com，akokoke/stock.adobe.com，（画像合成：秋廣翔子）
128-129	1STunningART/stock.adobe.com
130-131	brizmaker/stock.adobe.com
132-133	Belish/stock.adobe.com
134-135	Taka/stock.adobe.com
136-137	KMPZZZ/stock.adobe.com
138-139	alphaspirit/stock.adobe.com
140-141	Piscine26/stock.adobe.com
145	sho987i/stock.adobe.com
146	IHERPHOTO/stock.adobe.com
146-147	Asta/stock.adobe.com
148-149	fizkes/stock.adobe.com
151	metamorworks/stock.adobe.com
152-153	VectorMine/stock.adobe.com
154-155	Gorodenkoff/stock.adobe.com
160-161	beeboys/stock.adobe.com
166～167	darren whittingham/stock.adobe.com
168-169	Haru Works/stock.adobe.com
169	Marina/stock.adobe.com
170-171	StockPhotoPro/stock.adobe.com
172-173	78art/stock.adobe.com
176-177	VectorMine/stock.adobe.com
178-179	Sashkin/stock.adobe.com
179	LinaTruman/stock.adobe.com
186	Spiroview Inc/Shutterstock.com
189	VectorMine/stock.adobe.com
190	Parilov/stock.adobe.com
190-191	Arsenii/stock.adobe.com

Illustration

010	Newton Press
011	1995, Edward H. Adelson.
013	Newton Press
014～015	秋廣翔子
019	Newton Press
023～025	Newton Press
031	【グラフ】秋廣翔子
033	【グラフ】秋廣翔子
034-035	Newton Press
038～041	木下真一郎
042～045	秋廣翔子
047	秋廣翔子
052～055	Newton Press
060	Newton Press
065	秋廣翔子
069	Newton Press
072～076	Newton Press
078～079	Newton Press
083	Newton Press
088-089	Newton Press
105	Newton Press
107	Newton Press・秋廣翔子
116	Newton Press
118-119	Newton Press
125	秋廣翔子
133	Newton Press
139	Newton Press
143	Newton Press
151	秋廣翔子
155～159	Newton Press
162～165	Newton Press
174-175	Newton Press
180	制作室 田久保純子
181～187	Newton Press
192～198	Newton Press
206～207	Newton Press

12～13ページ「まちがいさがし」の解答

監修
池田まさみ／いけだ・まさみ
十文字学園女子大学教育人文学部心理学科教授。博士（学術）。お茶の水女子大学大学院人間文化研究科博士課程修了。専門は認知心理学。

高比良美詠子／たかひら・みえこ
立正大学心理学部 対人・社会心理学科教授。博士（人文科学）。お茶の水女子大学大学院人間文化研究科博士課程単位取得満期退学。専門は社会心理学。

森 津太子／もり・つたこ
放送大学教養学部心理と教育コース教授。博士（人文科学）。お茶の水女子大学大学院人間文化研究科博士課程単位取得満期退学。専門は社会心理学。

宮本康司／みやもと・こうじ
東京家政大学家政学部環境共生学科教授。博士（理学）。東京工業大学大学院生命理工学研究科博士課程修了。専門は行動科学。

本監修者4人で認知バイアスを紹介するwebページ「錯思コレクション100」(https://www.jumonji-u.ac.jp/sscs/ikeda/cognitive_bias/)を開設している。

Newton 大図鑑シリーズ
VISUAL BOOK OF THE BIAS
バイアス大図鑑

2024年10月25日発行

発行人 松田洋太郎
編集人 中村真哉

発行所 株式会社ニュートンプレス
〒112-0012 東京都文京区大塚3-11-6
https://www.newtonpress.co.jp